AF346923

CODE

DE LA

GÉNÉRATION UNIVERSELLE.

Imprimerie de CARPENTIER-MÉRICOURT, rue
Trainée-St-Eustache, n° 15.

ART DE GUÉRI[...]

...RI IMPUISSANCE

CODE

DE LA
GÉNÉRATION UNIVERSELLE,

OU

LES AMOURS DES FLEURS, DES ANIMAUX,

ET PARTICULIÈREMENT

DE L'HOMME ET DE LA FEMME,

EXPOSANT

Les curieux phénomènes de la brillante époque de la puberté des Filles et Garçons, les sympathies amoureuses, les rapports secrets des sexes entre eux, le développement de l'enfant dans le sein maternel;

SUIVI DE

L'ART DE GUÉRIR

L'IMPUISSANCE ou FAIBLESSE

EN AMOUR;

TERMINÉ PAR UN TRAITÉ DE

L'ONANISME OU MASTURBATION

DANS LES DEUX SEXES;

Par Morel de Rubempré

Docteur-Médecin de la Faculté de Paris, Membre de plusieurs Sociétés savantes, Auteur des *Secrets de la Génération*, de la *Véritable Médecine sans Médecin*, de la *Médecine de Vénus*, ou *Art de se guérir soi même des maladies secrètes*, etc.

DEUXIÈME ÉDITION.

PARIS,

LEROSEY, LIBRAIRE-ÉDITEUR,

PALAIS-ROYAL, GALERIE D'ORLÉANS, N. 214, 215 et 216.

1833.

Le docteur Morel demeure rue Saint-
Martin, n. 34 (maison et passage Jabach), où son *Cabinet de consultations*
est ouvert tous les jours, de dix à quatre
heures.

—

L'auteur traite aussi par correspondance de
tous les points de la France et de l'Etranger,
et se charge de faire expédier par les pharma-
ciens les médicamens les plus propres à guérir
dans le plus grand secret.

PRÉFACE ET TABLE.

La table méthodique que nous présentons ici des principales questions traitées dans notre *Code de la Génération*, est, pour ainsi dire, une véritable préface, qui peut nous dispenser du soin d'en faire aucune autre. L'on voit que nous divisons cet ouvrage en cinq parties principales

1º Fonctions génératrices chez les plantes ;

2º Fonctions génératrices chez les animaux ;

3º Fonctions génératrices chez l'homme et la femme ;

4º Manque de vigueur en amour , et moyens de guérir cette faiblesse ;

5º Onanisme ou masturbation chez l'homme et la femme.

Dans la première partie, nous faisons connaître brièvement la composition des différens organes de la fleur, la distinction naturelle de ceux-ci en mâles et en femelles, le jeu réciproque des uns et des autres ; leur parfaite analogie de structure et d'action avec les parties de même nature chez les animaux, les effets de la castration des plantes, les amours des fleurs, en un mot, tout ce que l'étude du règne végétal présente de plus attrayant.

Abordant ensuite l'histoire de la génération dans le règne animal, nous exposons successivement la structure des parties sexuelles et le mode de propagation des zoophytes ou *animaux-plantes*, des insectes, des crustacés, des vers, des mollusques, des poissons, des reptiles, des oiseaux, enfin, des mammifères, autrement dits quadrupèdes, animaux à mamelles, dont nous présentons l'histoire générale et spéciale pour les différentes espèces de ces neuf grands ordres du règne zoologique.

Après avoir ainsi exposé les phénomènes reproducteurs chez les végétaux et les animaux, les avoir comparés les uns aux autres, nous traitons de la génération humaine, sur laquelle les connaissances acquises dans les deux premières parties jettent le plus grand jour, et dissipent les nuages inévitables au milieu desquels l'esprit ne peut qu'errer d'erreur en erreur, sans les données positives que nous fournissent l'anatomie comparée et l'histoire naturelle. Dans cette troisième partie, se présentent en foule des sujets du plus haut intérêt, et des plus susceptibles de piquer vivement notre curiosité, comme la description des parties génitales de l'homme et de la femme ; les changemens remarquables qui s'opèrent, tant au physique qu'au moral, chez les garçons et les filles , lors de la brillante époque de la puberté ; les caractères de la pudeur et de la virginité ; les sympathies amoureuses, les fluides séminaux , l'amour physique et moral ; les signes extérieurs d'une grande vigueur ou d'une grande faiblesse en amour, tant chez l'homme que chez la femme ; les jeux érotiques ; le mécanisme de la conception , le développement du germe dans le sein maternel ; l'allaitement, l'avortement, etc.

A l'étude des fonctions génératrices chez les végétaux, les animaux et dans l'espèce humaine, succède celle de *l'impuissance* ou *manque de vigueur en amour*, tant chez l'homme que chez la femme ; quatrième partie de l'ouvrage, dans laquelle nous exposons brièvement les principales causes de la perte de la précieuse faculté d'engendrer, ainsi que les moyens de redonner aux parties génitales prématurément et accidentellement affaiblies toute leur énergie primitive par l'emploi de toniques aussi bienfaisans que puissans dans leur action, et que nous avons qualifiés de TONI-GASTRO-GÉNITAUX, *corroborans* de l'estomac, de l'appareil sexuel et de l'économie entière.

Enfin, dans la cinquième partie, ou traité de *l'onanisme*, nous exposons l'immoralité, les causes et les dangers de la *masturbation*; nous exposons en même temps les moyens de dissiper promptement l'épuisement physique et moral, l'impuissance et la stérilité dans lesquels ne tardent pas de tomber les personnes qui ont le malheur de contracter cette funeste et déplobe habitude.

GÉNÉRATION DES PLANTES.

GÉNÉRATION DES ANIMAUX.

GÉNÉRATION HUMAINE.

MANQUE DE VIGUEUR EN AMOUR,

ET MOYENS DE GUÉRIR CETTE FAIBLESSE.

ONANISME ou MASTURBATION

CHEZ LES DEUX SEXES.

Paris, ce 1er mai 1833.

MOREL DE RUBEMPRÉ.
Rue St-Martin, n. 34 (passage Jabach).

CODE

DE LA

GÉNÉRATION.

PREMIÈRE PARTIE.

GÉNÉRATION DES PLANTES.

La transmission du principe vital, ou si l'on veut, la propagation des êtres vivans ne peut s'effectuer que par le jeu et l'action réciproque plus ou moins patente et plus ou moins immédiate d'un appareil spécial d'organes qualifiés de *génitaux*, *reproducteurs* ou *régénérateurs*.

La différence des organes destinés au renouvellement des êtres vivans constitue les *sexes*. Or, abstraction faite des exceptions non moins rares que curieuses dont nous allons bientôt parler, nous entendons par sexes des individus présentant entre eux une ressemblance d'organisation générale plus ou moins parfaite, et doués de parties génitales d'une conformation telle qu'elles puissent exercer les unes sur les autres une action réciproque, telle qu'il en résulte la formation et la naissance de nouveaux êtres offrant la même organisation que ceux auxquels ils sont redevables de leur existence.

« L'espèce, dit le célèbre Buffon, est
» un terme abstrait et général dont la chose
« n'existe qu'en considérant la nature dans
» la succession des temps, et dans la des-
» truction constante et le renouvellement
» tout aussi constant des êtres. C'est en
» comparant la nature d'aujourd'hui à
» celle des autres temps, et les individus
» actuels aux individus passés, que nous
» avons pris une idée nette de ce que l'on

» appelle *espèce*, et la comparaison du
» nombre et de la ressemblace des indi-
» vidus n'est qu'une idée accessoire et
» souvent indépendante de la première ;
» car l'âne ressemble au cheval plus que le
« barbet au lévrier, et cependant le bar-
» bet et le lévrier ne font qu'une même
» espèce , puisqu'ils produisent ensemble
» des individus qui peuvent eux-mêmes
» en produire d'autres; au lieu que le
» cheval et l'âne sont certainement de dif-
» férentes espèces , puisqu'ils ne produi-
» sent ensemble que des individus viciés
» et inféconds. »

Il ne faut pas confondre les espèces avec
les variétés ou races, qui ne consistent qu'en
des différences accidentelles parmi les individus d'une même espèce. Ainsi , la rose
rouge et pâle, la simple et la double, etc.,
ne sont que des variétés dans la fleur du
rosier; les chevaux arabes, les anglais ,
les andaloux, etc., sont autant de races
de l'espèce cheval ; le chien berger , le lé-

vrier, le barbet, le dogue, le braque, le basset, etc., en sont autant d'autres de l'espèce dite chien. Tous les hommes qui peuplent la terre ne forment qu'une seule espèce, puisqu'il n'est point d'être humain qui ne puisse engendrer, par son accouplement avec un autre sujet de quelque nation qu'on le suppose, des individus revêtus de tous les caractères physiques et moraux assignés au genre humain. Cependant, comme chez les végétaux et les autres animaux, l'espèce humaine offre un certain nombre de races, telles que la caucasique ou arabe-européenne, la mongole, l'hyperboréenne, l'américaine, la nègre.

Ainsi que nous l'avons dit en commençant, les différentes espèces des êtres vivants se composent de deux sortes d'individus essentiellement distincts l'un de l'autre par leur organisation physique : le sexe mâle et le sexe femelle. Cette distinction de deux individus d'une même espèce prend

sa source dans la différence de structure ,
d'action et de sécrétion des parties destinées à la reproduction : la femelle contient
dans son sein les élémens du nouvel être ,
qu'elle dépose au dehors dans un état
plus ou moins parfait ; tandis que le
mâle est destiné à lancer sur ces principes
de vie un fluide dit fécondant (sperme,
liqueur spermatique , pollen dans les végétaux) sans l'action duquel la femelle se
trouverait dans l'impossibilité absolue de
jamais donner le jour à un nouvel être.
La nature ne nous offre aucun exemple de
reproduction sans cette double organisation,
sans l'action plus ou moins immédiate des
parties sexuelles du mâle sur celles de la
femelle , ou sur quelque production sortie
du sein de celle-ci ; car l'on sait par exemple, que le crapaud ne féconde les œufs de
la femelle que quand elle les a déposés
au dehors. Ainsi , l'on peut définir la génération de la manière suivante : fonction
par laquelle certains principes émanés

d'un individu femelle et fécondés par cen-
tains autres fluides fournis par le mâle, se
transforment en de nouveaux êtres vivants
semblables à ceux dont ils tiennent leur
origine, et susceptible d'offrir à leur tour
la faculté de procréer des êtres semblables
à eux-mêmes.

Mais les procédés que la nature emploie
pour l'éternisation des êtres sont loin d'ê-
tre les mêmes chez tous les individus qui
composent le règne vivant : malgré leur
parfaite analogie, ils ne laissent point de
différer chez l'homme, les autres animaux
et les végétaux ou plantes. Quoique nous
ne nous proposions absolument ici que l'é-
tude de la génération humaine, nous ne
saurions nous défendre de donner une
courte description de celle des êtres que la
nature plaça dans un rang subalterne. C'est
ainsi que, procédant du simple au composé, nous nous mettrons en état de pouvoir bien concevoir le mécanisme si com-

pliqué de cette admirable et importante fonction chez l'homme.

Comme chez les animaux la reproduction des plantes se trouve confiée, à deux sortes d'organes, les uns mâles et les autres femelles, dont l'action mutuelle est indispensable au but pour lequel ils ont été créés. Chez les animaux, ou du moins chez le plus grand nombre, les organes de la reproduction sont placés dans deux individus différents; en sorte qu'ils doivent nécessairement se rechercher et se rapprocher pour opérer le grand œuvre de la reproduction. Mais il est loin d'en être ainsi pour le règne végétal, et, à l'exception d'un très-petit nombre de plantes dont nous parlerons bientôt, tous les végétaux offrent, sur un même pied, les parties sexuelles mâles et femelles ; sagesse admirable de la nature, qui fournit ainsi à la plante, forcée de croître et de mourir dans le sol qui l'a vue naître, les moyens de se reproduire avec les mêmes facilités que les animaux.

doués d'un appareil musculaire en **vertu** duquel, bien différents des végétaux, ils peuvent se transporter d'un lieu à un autre et se rechercher aussi mutuellement.

La fleur est la partie de la plante qui contient les organes sexuels. Presque toujours elle renferme étroitement rapprochés les uns des autres les mâles **et les** femelles, et elle prend alors le nom d'hermaphrodite, mot grec qui signifie individu réunissant les deux sexes, (Ερμὲς **Mercure**, et Αφρδιτέ Vénus).

La fleur, partie ordinairement la plus tendre, la plus belle et la plus remarquable par la variété de ses formes et de ses couleurs, se compose généralement de quatre parties principales, dont deux essentielles à la génération : l'étamine et le pistil ; deux autres, qui ne paraissent exister que pour l'ornement, ou comme de vrais égides de ces dernières contre le choc des corps extérieurs : le calice et la corolle. Telle est la disposition de ces parties, en procédant de l'extérieur à l'intérieur.

Le CALICE (mot grec qui signifie coupe, à cause de sa forme) est cette partie extérieure et ordinairement verte qui entoure la fleur, et dont la face interne correspond conséquemment à la corolle. Cette première partie des enveloppes florales varie souvent en couleur, en consistance, et surtout quant au nombre des pièces dont elle se compose, pièces qui au reste se confondent toutes à la base. Ainsi il présente une seule pièce dans l'œillet, la pomme de terre, la sauge et toutes les autres solanées et labiées; deux dans le pavot ; trois dans la ficaire; quatre dans la giroflée, la rave et autres crucifères; cinq dans le lin, etc.

Ces différentes pièces prennent le nom de *phylles*, mot grec qui signifie feuilles, d'où les expressions de monophylle, pour exprimer un calice d'une seule pièce ; polyphylle, plusieurs pièces; diphylle, deux pièces ; triphylle, trois pièces; etc., etc.

Il ne faut pas confondre les dentelures ou découpures d'un calice composé d'une seule pièce, avec les calices vraiment polyphyles, qui ne sont réellement tels que quand les différentes parties dont ils se composent ne tiennent nullement l'une à l'autre par leur bord. Mais en voici assez pour que chacun puisse reconnaître cette partie de la fleur.

La COROLLE (mot latin qui signifie petite couronne) est cette partie ordinairement brillante de la fleur qui vient après le calice, et qui forme l'enveloppe la plus intérieure de l'étamine et du pistil. Linné , si ingénieux dans ses comparaisons, la considère comme le lit nuptial , ou le théâtre des amours des plantes. Sa forme est infiniment variée et elle peut offrir celle d'une cloche, comme dans le liseron, la belladone, le jalap ; d'un entonnoir, comme dans le jasmin, le lilas, le tabac ; d'une roue, comme dans la bourrache, la véronique, le sureau ; d'un tube plus ou moins alongé, comme dans le jasmin et les fleurs composées flosculeuses, etc., etc. Quant à la couleur, elle peut être pourpre, écarlatre, violette, bleue, verte, brune, jaune, noire, etc. Comme le calice. elle s'offre tantôt en une seule et tantôt en plusieurs pièces. Dans le premier cas, elle prend le nom de monopétale, mot grec qui signifie une seule lame ou un seul feuillet ; dans le second, elle est désignée sous celui de polypétale, mot également grec qui signifie plusieurs lames, plusieurs feuillets. La fleur du liseron, de la belladone, de la digitale pourprée, nous offre l'exemple du premier cas ; celle de l'œillet, de la giroflée, de la rose, du pavot, celui d'une corolle polypétale.

L'ÉTAMINE (mot grec qui signifie organe sexuel mâle) est cette troisième partie de la fleur qui vient immédiatement après la corolle, et dont l'usage est de féconder l'organe femelle ou pistil, qui se trouve dans la partie centrale de celle-ci.

Cet organe est ordinairement composé de deux parties : le filet et l'anthère.

Le filet, partie de l'étamine qui n'existe point dans toutes les fleurs, comme n'étant point indispensable à la fécondation, ainsi que son nom l'indique, n'est qu'un petit appendice charnu, en forme de fil, au sommet duquel se trouve l'anthère, partie essentielle de la fleur et sans laquelle la fécondation ne peut avoir lieu.

L'ANTHÈRE (mot grec qui signifie fleuri, parce qu'il ne peutêtre bien observé qu'après l'épanouissement de la fleur), consiste en un petit sac membraneux à double cavité, dans le sein duquel existe une poussière très-fine dite pollen. L'anthère fut comparée à la tête du membre viril ou gland, et le filet au corps du même organe.

Le POLLEN, renfermé dans les deux loges de l'anthère, comme nous venons de le voir, consiste en de petits grains dans le sein desquels se trouve un fluide très-fin, qui est véritablement celui de la fécondation, par son action sur le pistil, lorsqu'au développement de la fleur la poussière fécondante vient à être mise en contact avec cet organe femelle.

Les fleurs sont loin de n'offrir toutes qu'une seule étamine ou organe mâle, et parmi les vingt-quatre classes de Linné, l'on n'en compte guère qu'une seule où l'étamine soit unique, et encore cette classe ne se compose-t-elle que de quinze genres, au nombre desquels sont l'amome, le balisier, la salicorne, etc., nombre bien peu considérable, si l'on réfléchit que celui des genres du même botaniste s'élève à plus de treize cents. Si d'une autre part l'on observe que le nombre des pistils ou organes femelles est en général fort peu considérable, l'on jugera sans peine que les plantes sont généralement polyandres, c'est-à dire qu'elles ont toujours plusieurs maris pour une seule femme, ce qui est fort rare dans l'espèce humaine, où la polygynie, c'est-à-dire plusieurs femmes pour un seul homme , est sanctionnée par les lois d'un grand nombre de nations , telles que celles régies par l'alcoran et la plupart des peuples qui professent la religion naturelle ou la païenne. Au reste si la polygamie est interdite par nos lois , elle n'en existe pas moins dans le cœur des hommes, dont la plupart, quoique monogames par la loi , n'en sont pas moins polygames en leurs amours....

La polygamie offre naturellement beaucoup plus d'attrait pour l'homme que pour la femme , laquelle s'accommode beaucoup plus que lui d'un seul époux ; et l'on sait que l'une des principales raisons de la rapidité avec laquelle la religion de Mahomet s'étendit dans presque toutes les provinces de l'Orient est sans contredit la faculté que le prophète accorde aux hommes d'avoir autant de femmes qu'il leur est possible d'en nourrir; et certes, à juger l'homme d'après ses affection naturelles et ses mœurs , il y aurait fort peu de Français qui ne fussent satisfaits de pouvoir, à l'exemple du sultan, du grand Mogol, du monarque persan ; de l'empereur de la Chine, etc., etc., aller choisir un nouvel excitant à leur appétit vénérien parmi plusieurs milliers de beautés des plus enchanteresses.

Toutefois les femmes à leur tour seraient loin de marquer de l'aversion pour une institution qui leur donnerait une semblable faculté. L'empressement que mettent la plupart de nos monogames de l'Europe à se choisir comme auxiliaires de leur mari des cortéjos, des sigisbés, des chevaliers et des amis de la maison nous prouve indubitablement que nos moitiés trouveraient assez de charmes dans un état semblable à celui de nos polyandres végétaux. Les habitantes des pays où cette licence leur est accordée ne manquent certainement pas d'user de leurs droits à cet égard. L'on sait combien la douleur que causa la mort de César aux dames romaines augmenta lorsqu'elles apprirent de la bouche de **Lelius Cinna**, tribun du peuple, qu'il avait reçu ordre de ce grand capitaine de publier une loi en vertu de laquelle il leur serait permis de prendre autant de maris que l'exigerait la force de leur tempérament ; et nous lisons dans les Commentaires de ce conquérant romain que les habitantes de la Grande-Bretagne , auxquelles cette faculté était concédée à l'époque où il en fit la conquête, en usaient si volontiers, qu'à peine trouvait-on une dame jeune, bien portante et riche qui n'eut au moins ses dix ou douze maris. Les femmes de la Lithuanie, outre le même nombre à peu près de maris en titre, s'adjoignaient encore douze ou quinze concubins. Chacun connaît l'histoire de cette fameuse Catherine de Russie, qui, à l'exemple de Louis XV, dans un autre sens, soldait une nombreuse compagnie dont l'unique destination était de lui fournir chaque nuit un des plus beaux et des plus robustes d'entre les soldats de l'empire. Le pape Innocent III observe dans le canon *Gaudeamus* que les femmes à la passion desquelles une religion sévère, telle que la religion catholique, ne vient point apporter un frein salutaire, marquent toujours une pente prononcée vers la polygamie en leur faveur; et il cite à cet égard les payennes, auxquelles leur religion relâchée ouvre un chemin aux désordres de toute espèce. Assurément, quand on réfléchit sur les dispositions naturelles des femmes de toutes les nations, de tous les siècles et de toutes les religions à la polyandrie, l'on n'est pas tenté de taxer d'exagération l'opinion de Boileau sur ce sexe, lorsqu'il dit :

Mais quoi, je vois déjà que ce discours t'aigrit !
Charmé de Juvénal, et plein de son esprit
Venez-vous, diras-tu, dans une pièce outrée,
Comme lui nous chanter : « Que dès le temps de Rhée
» La Chasteté déjà, la rougeur sur le front,
» Avait chez les humains reçu plus d'un affront ;
» Qu'on vit avec le fer naître les injustices,
» L'impiété, l'orgueil et tous les autres vices,

» Mais que la bonne foi dans l'amour conjugal
» N'alla pas jusqu'au temps du troisième métal? »
Ces mots ont dans ta bouche une emphase admirable,
Mais je vous dirai, moi, sans alléguer la fable,
Que si, sous Adam même, et loin avant Noé,
Le Vice audacieux, des hommes avoué,
A la triste Innocence en tous lieux fit la guerre,
Il demeura pourtant de l'honneur sur la terre :
Qu'aux temps les plus féconds en Phrynés, en Laïs :
Plus d'une Pénélope honora son pays ;
Et que, même aujourd'hui, sur ce fameux modèle
On peut trouver encor quelque femme fidèle.
Sans doute, et dans Paris, si je sais bien compter,
Il en est jusqu'à trois que je pourrais citer.
Ton épouse dans peu sera la quatrième.
Je le veux croire ainsi : mais la chasteté même
Sous ce beau nom d'épouse entrât-elle chez toi,
De retour d'un voyage, en arrivant, crois-moi,
Fais toujours du logis avertir la maîtresse.
Tel partit tout baigné des pleurs de sa Lucrèce,
Qui, faute d'avoir pris ce soin judicieux.
Trouva. ... tu sais.................

C'est particulièrement sur le nombre des
étamines ou maris végétaux que Linné a
basé la belle classification des plantes. Ainsi

1re CLASSE (monandrie), une seule étamine. Exemples : le balisier, la passe d'eau. — 2e CLASSE (diandrie), deux étamines. Exemples : l'olivier, le lilas, le jasmin, la véronique, le romarin, la sauge, le poivrier. — 3e CLASSE (triandrie), trois étamines. Exemples : la valériane, le safran, l'iris, le millet, le sucre, le foin, l'avoine, le seigle, le froment, l'orge, l'ivraie. — 4e CLASSE (tétrandrie), quatre étamines. Exemples la scabieuse, le plantin, la pimprenelle, le cornouiller, le houx. — 5e CLASSE (pentandrie), cinq étamines. Exemples : la belle-de nuit, l'héliotrope, la pulmonaire, la consoude, la bourrache, le mouron, le liseron, la jusquiame, la nicotiane (tabac), le laurier-rose, la morelle, la belladone, le lyciet, le quinquina, la raiponce, la campanule, le chèvrefeuille, le nerprun, la vigne, le groseiller, la gentiane; l'ormeau, l'ænanthe, l'angélique, la coriandre, le cerfeuil, l'impératoire, la ciguë, le panais, le viorne, le sureau, le lin. 6e CLASSE (hexandrie), six étamines. Exemples : l'épine-vinette , le narcisse, l'amaryllis, l'ail , l'aloës, la tubéreuse , le muguet, la hyacinte , la scille, le sang-dragon , le lis, la tulipe , le jonc, le riz , la colchique , la patience. — 7ᵉ CLASSE (heptandrie) , sept étamines. Exemple : le marronnier. 8ᵉ CLASSE (octandrie), huit étamines. Exemples : la capucine, la bruyère, le garou. — 9ᵉ classe (ennéandrie), neuf étamines. Exemples : le laurier, l'acajou, la rhubarbe. — 10ᵉ classe (décandrie), dix étamines : le tolu, la casse, le dictamme, le gayac, la rue, le févier, l'arbousier, l'alibousier, la saponaire. 11ᵉ CLASSE (dodécandrie), de onze à dix-neuf étamines. Exemples : le pourpier, l'euphorbe, la joubarbe , le réséda.— 12ᵉ CLASSE (icosandrie), plus de dix-neuf, c'est-à-dire de vingt à cent étamines insérées sur la parois interne du calice, qui est concave, d'un seul feuillet, et qui donne aussi attache à la corolle. Exemples : le syringa , le myrte, le grenadier , l'amandier , le prunier , l'alisier , le sorbier , le néflier, le poirier, le ficoïde , le rosier, la ronce , le fraisier, la potentille , la benoîte. — 13e CLASSE , (polyandrie) , encore de vingt à cent maris, insérés au tube du calice , lequel fait souvent base avec l'ovaire (voyez ce mot à l'article pistil). Exemples : le pavot , le caprier , le géroflier , le tilleul , le thé , le nénuphar , la pivoine , l'aconit , la clématite , l'ellébore , le tulipier , la renoncule.

Il est ensuite deux autres classes basées sur le nombre et la proportion des étamines : Ainsi. — 14e CLASSE (didynamie, mot grec qui signifie *deux puissances*) , quatre maris , dont deux plus longs et deux plus courts. Exemples : l'hyssope , la menthe , la lavande , la bétoine , la lamie , la cataire , la sariette , la marube , le thym , la mélisse , la scrophulaire , la digitale , le mufflier. — 15e CLASSE (tétradynamie, mot grec qui signifie *quatre puissances*) , six maris , dont quatre surpassent les deux autres en grandeur. Exemples : le cochléaria , la passerage , le raifort , le giroflier la julienne , le chou , le crambe , la moutarde.

Les étamines ou organes mâles sont susceptibles de contracter entre eux des adhérences par quelques-unes de leurs parties et de former ainsi un , deux ou plusieurs faisceaux. C'est sur ces caractères que sont basées les quatre autres classes suivantes du botaniste suédois. — 16e CLASSE (monadelphie , mot grec qui signifie *un seul frère*), tous les maris réunis en un seul faisceau par leurs filets seulement. Exemples : le cotonnier, la mauve , la guimauve. — 17e CLASSE (diadelphie ; mot grec qui signifie *deux frères*), tous les maris réunis entre eux, par leurs filets seulement, en deux faiseaux égaux ou inégaux. Exemples : la fumeterre, l'ébénier , la spartie , le genêt, le baguenaudier, le haricot, le pois , la vesce, le trèfle , la réglisse , le sainfoin : la luzerne, l'indigotier, le pois-chiche, la lentille. — 18e CLASSE (polyadelphie , mot grec qui signifie *plusieurs frères*), maris réunis en trois ou en un plus grand nombre de faisceaux toujours par leur filet. Exemples : le cacoyer , le citronnier , la melaleuque , le mille-pertuis. — 19ᵉ CLASSE (syngénésie , mot grec qui signifie *génération ensemble*), toujours plusieurs maris réunis en un seul faiseau par leur anthère , et non plus par leur filet , de manière à former un tube qui est traversé librement par le style du pistil (voyez plus loin ce mot). Exemples : la chicorée , le salsifis , la laitue , la bardane , l'artichaud , le chardon , l'armoise , la tanésie , l'immortelle , la matricaire , la verge-d'or , le séneçon , le tussilage , la camomille , la centaurée , le souci , la violette.

Jusqu'ici nous avons vu les maris s'insérant ailleurs que sur le pistil : c'est le cas le plus ordinaire. Cependant il est un certain nombre de plantes dans lesquelles les étamines se fixent sur le pistil même ou organe femelle , comme l'orchis , la vanille, l'aristoloche, l'ambrosine. Elles constituent la 20ᵉ classe de Linné (gynandrie) , mot grec qui sigifie *femme et homme* , mâle sur la femelle).

Enfin, il est des plantes dans lesquelles les organes sexuels ne se trouvent point dans la même fleur ; d'où, trois autres classes de plantes , qui sont : la monœcie, la diœcie et la polygamie. — 21ᵉ classe de Linné (monœcie , mot grec qui signifie une *seule maison*, seule habitation), fleurs mâles et femelles réunies sur la même plante. Exemples : l'ortie, le mûrier , le buis, le bouleau, l'amaranthe, le hêtre , le chêne, le noyer, le noisetier, le platane, le pin, le cyprès, le thuya, le ricin, la momordique , le concombre , la courge , la bryone. — 22ᵉ classe (diœcie , mot grec qui signifie *deux maisons*, deux habitations) ; fleurs mâles sur une plante et fleurs femelles sur une autre plante de la même espèce. Exemples : le saule, l'argousier , le gui, le chanvre, le houblon, le pista-

chier, l'épinard, le peuplier, la mercu-
riale, la cannabine, le genévrier, l'if.
— 23ᵉ CLASSE (polygamie, mot grec qui
signifie *plusieurs mariages*), fleurs hermaphrodites, c'est-à-dire réunissant les
organes mâles ainsi que les femelles, et
fleurs unisexuelles; c'est-à-dire mâles ou
femelles seulement, réunies soit sur la
même plante, soit sur diverses plantes de
la même espèce. Exemples : la bananier,
le vératre, l'érable, la pariétaire, le gin-
seng, le frêne, le caroubier, le figuier.

Enfin, il est un certain nombre d'autres plantes dont l'organisation des parties
sexuelles échappe à l'œil nu et diffère essentiellement des autres plantes : comme
les fougères, parmi lesquelles figurent la
prêle et le polypode; les mousses, les al-
gues, où se trouvent l'hépatique, le lichen
et le fucus; les champignons, dont les
plus connus sont l'agaric, le bolet, la mo-
rille, la vesce-de-loup et la moisissure.
Ces plantes sont groupées dans la VINGT-

QUATRIÈME ET DERNIÈRE CLASSE de Linné (cryptogamie, mot grec qui signifie *mariage caché.*)

Le PISTIL (mot dérivé du terme latin *pistillum*, qui signifie pilon, à cause de la ressemblance que cet organe offre souvent avec cet instrument de pharmacie) : le pistil, dis-je, qualifié avec raison d'organe sexuel femelle, est cette partie de la fleur qui occupe presque constamment le centre. Il se compose ordinairement de trois parties, qui sont l'ovaire, le style et le stigmate.

L'ovaire (mot dérivé d'*ovum*, qui signifie œuf, parce que cette partie du pistil présente en effet des petits grains appelés ovules ou rudiments des graines) est la partie inférieure du pistil qui est immédiatement supportée par le réceptacle, c'est-à-dire le fond du calice. Son caractère essentiel est d'offrir, quand on le coupe en travers, une quantité plus ou moins considérable de grains désignés sous le nom d'ovules ou petits œufs.

Le stigmate (mot dérivé d'un verbe grec qui signifie piquer) est cette partie supépérieure du pistil qui se présente sous une forme variable, et dont l'usage est de transmettre à l'ovaire la poussière fécondante répandue à sa surface par les étamines.

Le style, dont l'existence n'est point constante dans toutes les plantes, est cette partie filiforme et creuse située entre l'ovaire et le stigmate, qui a pour usage de transmettre au premier la poussière fécondante répandue à la surface du stigmate.

Ainsi que nous l'avons dit, les pistils ou organes sexuels mâles sont loin d'égaler en nombre celui des étamines, et le plus souvent on n'en rencontre qu'un pour un grand nombre d'étamines. Quoi qu'il en soit, il est des plantes dans lesquelles le nombre des pistils non seulement égale celui des étamines, mais même le surpasse. Le nombre des pistils a servi de base à Linné pour la division d'un certain nombre de ses classes en ordre. Ainsi , pour en prendre un exemple dans la cinquième classe (pentandrie), dont les plantes qui y sont groupées présentent comme l'on sait cinq maris , nous voyons qu'elle offre six ordres. — 1ᵉʳ ORDRE , monogynie (mot grec qui signifie une seule femme, un seul pistil). Exemples : la belle-de-nuit, la pulmonaire , la bourrache, la consoude, le liseron , le tabac , la jusquiame, la pervenche , la morelle, la belladone, le chèvrefeuille, la vigne, le groseiller, le lierre , le manglier. — 2ᵉ ORDRE, digynie (deux femmes). Exemples : la gentiane, l'ormeau , la carotte, l'angélique, la ciguë, le cerfeuil , le panais. — 3ᵉ ORDRE , trigynie (trois femmes). Exemples : le viorne, le sureau. — 4ᵉ ORDRE , tétragynie (quatre femmes, quatre pistils). Exemple : le liseret. — 5ᵉ ORDRE , pentagynie (cinq femmes). Exemple : le lin.

FONCTIONS DE LA FLEUR,

OU AMOURS DES PLANTES.

Maintenant que nous avons mis tout lecteur à même de connaître parfaitement les organes sexuels mâles et femelles dans tous les végétaux, tant par la description claire que nous en avons donnée que par les exemples que nous avons cités parmi les plantes les plus communes et les plus généralement connues, exposons le mécanisme des fonctions qui ont pour but la reproduction de l'espèce. Commençons par les fleurs hermaphrodites parfaites.

C'est au célèbre Linné que nous sommes redevables de la connaissance des fonctions merveilleuses de la reproduction des plantes. La fleur, ce bel ornement du végétal, forme le théâtre de leurs amours; le calice est considéré comme le lit; la corolle constitue les rideaux; les anthères sont les testicules ; le pollen , la liqueur fécondante ; le stigmate du pistil , la vulve ou parties sexuelles externes ; le style , le vagin , ou conducteur de la semence prolifique ; l'ovaire , la matrice ; l'action réciproque des étamines sur le pistil , l'accouplement ou la consommation de l'acte sexuel.

Ce n'est guère qu'au temps de la floraison parfaite , c'est-à-dire de l'épanouissement de la fleur , que se célèbrent les noces merveilleuses des plantes. Cette époque est véritablement la puberté des végétaux. Les enveloppes florales se dédoublent et étalent la beauté de leur couleur; les organes mâles et femelles exhalent une odeur spermatique sensible , et en même temps qu'ils deviennent plus irritables , ils acquièrent une force d'action visible même à l'œil non muni d'instruments d'optique. Alors commence une série de fonctions génératrices que l'on peut réduire au nombre de six , savoir : le rapprochement sexuel , la déhiscence ou éjaculation, l'absorption de la liqueur par la femelle, la fécondation, la gestation et la dissémination ou expulsion du fruit hors de l'ovaire.

1° Rapprochement sexuel, accouplement, coït.

A peine l'épanouissement des enveloppes floréales permet aux parties sexuelles d'exercer les unes sur les autres les actions dont elles sont susceptibles, que l'organe mâle, imprégné d'un surcroît de vie qui cherche à se répandre, dirige sa tête ou anthère vers le stigmate, à l'effet de répandre à sa surface la liqueur séminale contenue dans ses loges.

Quoique le mode de rapprochement sexuel soit en général le même dans toutes les fleurs hermaphrodites, il est des plantes qui nous présentent à cet égard des particularités qu'il est infiniment curieux de connaître, et qui, de plus, peuvent nous donner une idée parfaite de cette première fonction reproductrice.

Lors de l'épanouissement de la fleur de la fraxinelle à dix étamines, chacun de ces dix maris, qui sont éloignés de la femelle d'environ quatre-vingt-dix degrés , dirige sa tête vers celle-ci, opère le contact sexuel , dépose la semence , et reprend sa première position pour céder la place aux neuf autres étamines , qui toutes exécutent succesivement la même action. Pareil phénomène peut s'observer dans la rue.

Dans la pariétaire , le mûrier à papier et autres différentes plantes de la famille des urticées du célèbre de Jussieu , les organes mâles (dont la tête , par l'inflexion du filet vers le centre de la fleur , se trouve placée au-dessous de la femelle), les organes mâles , dis-je , se redressent à l'instar d'une véritable machine élastique , et lancent ainsi leur poussière fécondante à la surface du stigmate.

Dans les cinq espèces du genre kalmie plante de la famille des rosages, la fleur offre une particularité bien peu favorable à l'action des étamines sur le pistil. En effet, la corolle ou soucoupe qui renferme les dix étamines qu'offrent ces plantes, présente en bas dix petites fossettes dans lesquelles sont logées les anthères, tandis que l'organe femelle est situé bien loin au-dessus. Cependant, pour vaincre cet obstacle et opérer le contact séminal, les filets des étamines se contractent et se courbent sur eux-mêmes à l'effet de dégager les anthères des fossettes où elles étaient retenues, qui vont ensuite verser librement leur pollen sur la surface du pistil.

Dans les soixante-dix espèces de la germandrée (quatorzième classe de Linné ou *didynamie*), les quatre étamines se trouvent à une certaine distance du pistil. Dans la floraison parfaite l'on voit parfaitement la corolle venir à leur secours : elle se contracte sur elle-même, se rapproche du centre, et pousse ainsi les organes mâles vers la femelle, comme pour les inviter à célébrer leurs noces.

Il est des plantes chez lesquelles le rapprochement sexuel éprouve infiniment plus de difficultés que dans les cas précédents, et où cependant la nature parvient à lever tout obstacle à cette fonction indispensable à la reproduction : ce sont les différentes espèces des genres nénuphar, villarsie, menyanthe, et quelques autres plantes aquatiques chez lesquelles la fécondation ne pourrait s'opérer dans l'eau. Dans ces plantes, les pédoncules ou supports des fleurs, offrant beaucoup d'élasticité, s'allongent petit à petit, jusqu'à ce que celles-ci se trouvent à la surface, où elles s'épanouissent et opèrent le contact séminal, après quoi elles se plongent de nouveau dans l'eau pour y mûrir leurs fruits, lesquels ne peuvent se développer que dans ce liquide.

La nature ne négligea aucun des

moyens capables de favoriser le rapprochement sexuel dans les plantes. Ainsi, outre ce que nous venons de voir pour la position respective des organes mâles et femelles, ainsi que dans les plantes submergées, nous aurons encore occasion de faire de curieuses observations sur la direction de la fleur, comparée à la longueur relative des étamines et des pistils. Comme le célèbre Linné l'a le premier observé, quand les étamines surpassent le pistil en longueur, les fleurs offrent une position verticale; quand, au contraire, il arrive que le pistil est plus long que les étamines, les fleurs sont renversées; en cas d'égalité, sous un semblable rapport, les fleurs sont indistinctement dressées ou réfléchies. De cette manière l'on voit que le rapprochement sexuel, ou au moins l'action de la liqueur séminale sur le pistil, ne peut manquer d'avoir lieu dans toutes les fleurs hermaphrodites.

2° Déhiscence, ou éjaculation.

Nous avons vu précédemment que le pollen, ou poussière fécondante fournie par l'organe mâle, consiste ordinairement en un nombre plus ou moins considérable de très petites vessies, invisibles à l'œil nu, et dans lesquelles il existe un fluide qui n'est autre chose que ce que nous appelons liqueur spermatique dans l'homme et les animaux. Nous avons vu aussi que cette espèce de poussière fine se trouve renfermée dans l'anthère, espèce de sac tantôt simple, tantôt double, et pouvant même offrir trois ou quatre loges. L'ouverture de ces loges, pour laisser échapper le pollen, prend le nom de déhiscence, et n'est absolument rien autre chose que ce que nous appelons éjaculation chez l'homme et dans les animaux, c'est-à-dire la sortie de la semence des parties sexuelles.

La surface du stigmate présente un certain nombre d'ouvertures, communiquant avec l'ovaire, soit directement, soit par le moyen d'un appendice filiforme et creux que nous avons fait connaître sous le nom de style, et qui n'est absolument rien autre chose que ce que nous désignons sous le nom de vagin chez la femme et autres femelles. Comme la matrice dans les animaux, l'ovaire, qui représente absolument cet organe dans le règne végétal, jouit de la faculté d'absorber, c'est-à-dire de pomper, d'attirer à soi la liqueur fécondante répandue par les organes mâles au commencement des conduits de communication existant entre l'extérieur et le berceau du germe. C'est cette action par laquelle l'ovaire attire vers soi, soit la semence, soit sa vapeur, ou *aura seminialis*, qui s'en exhale, que nous désignons sous le nom d'absorption pollinique (absorption utérine chez la femme et autres femelles).

L'histoire de la génération humaine nous fait voir dans la matrice de la femme une telle avidité pour la semence de l'homme, que très souvent elle l'absorbe pour donner le jour à un nouvel être, dans le cas même où elle ne se trouve répandue qu'à la partie interne des cuisses. L'organe femelle, chez les plantes, ne jouit pas d'une force d'absorption moins prononcée, et nous aurons occasion de voir que le contact immédiat des étamines avec le pistil est loin d'être nécessaire à la fécondation. En attendant, citons quelques exemples propres à nous démontrer que, quoique, dans le règne végétal, l'organe mâle fasse tous les frais auprès de la femelle, celle-ci n'en manifeste pas moins le penchant le plus prononcé à se repaître de la liqueur pollinique.

Comme chez les femmes et chez les femelles du plus grand nombre des animaux, le stigmate, lors du temps des amours, se couvre d'une humidité plus ou moins considérable, acquiert plus de chaleur et d'action, et devient même plus odorant.

Voyez comme cet organe de la tulipe , de la sensitive etc. , se gonfle et s'agite , non seulement quand il ressent l'action de la poussière fécondante , mais encore quand on le soumet à une stimulation étrangère quelconque....! L'arum d'Italie développe une telle chaleur dans une pareille circonstance qu'elle devient sensible au thermomètre. Admirez comme ce même organe dans la couronne - impériale , la nigelle , le laurier Saint-Antoine , la passe-flore , etc. , se baisse et se penche vers l'organe mâle , qui dans ces plantes est surpassé en longueur par l'organe femelle....! Qui n'a pas eu lieu d'observer les frémissements et l'ivresse amoureuse du même organe dans la parnassie des marais , etc., lorsqu'il reçoit l'impression excitante de la liqueur fécondante ?

. . . . Dat pronuba signum
Aurora exoriens ; fila obriguere ; dehiscunt
Folliculi ; volat aura ferax tectoque reflexa

Præcipitat perque antra tubæ perque antra placentæ ;
Ova tument ; gaudet flos femina prole futura.

(ERANTÉ, *De connubiis florum.*)

4° Fécondation, imprégnation du germe,
conception.

La liqueur séminale étant mise en contact avec les ovules dont nous avons vu
que l'ovaire est rempli , ces rudiments
de la vie acquièrent un nouveau mode
de vitalité, croissent rapidement, se transforment en véritables graines capables de
donner naissance à un nouvel individu
végétal, lorsqu'elles sont placées dans des
circonstances favorables à la germination.
Telle est la fécondation chez les plantes ;
elle ne diffère en rien de ce que nous appelons conception chez la femme et autres
femelles des animaux.

A peine s'est opéré l'acte de la fécondation que la plante se voit dépourvue de
son brillant ornement. A l'éclat et à la
fraîcheur de la corolle succède une triste

flétrissure , et bientôt elle tombe frappée d'une mort complète. Les étamines, devenues inutiles à l'accroissement des ovaires , se fanent également et sont expulsées à leur tour. Le stigmate et le style, dont la présence est inutile à l'accomplissement de la tâche qu'il reste à la nature à remplir , sont frappés de la même dégradation et suivent les premiers dans leur chute. De ce palais nuptial élevé par la nature avec tant de pompe, on ne voit plus que l'ovaire , auquel il reste à perfectionner les éléments des générations futures contenues dans son sein. C'est ainsi que la nature abandonne à la destruction, et fait rentrer pour jamais dans le néant des êtres à la formation desquels elle avait sacrifié tant de soin, dès l'instant où leur tâche est remplie et où ils ne peuvent plus contribuer à ses desseins éternels, qui sont le renouvellement perpétuel des espèces. « La » reproduction , dit Mérat ; voilà le but de » tous les soins de la nature, qui a préparé

» pour cela le plus brillant appareil. Quel
» lit nuptial fut jamais orné avec plus de
» pompe ! L'acte étant rempli, tout rentre
» dans le repos, tout se fane, tout s'éva-
» nouit. Retardez la fécondation, empê-
» chez-la par quelques moyens, la fleur
» conservera long-temps la fraîcheur de son
» calice. »

5° Développement des ovules, gestation, grossesse.

L'on sait que chez les femmes l'on désigne sous le nom de grossesse, les neuf
mois que la nature emploie pour donner
au germe toute la force requise pour pouvoir soutenir une nouvelle existence. Cette
opération de la nature a parfaitement son
analogue dans le règne végétal. Ici, comme on le juge naturellement, ce sera le
temps nécessaire à la transformation des
ovules contenus dans l'ovaire ou matrice
en de véritables graines capables de donner elles-mêmes naissance à de nouveaux

individus végétaux. Nous verrons, en étudiant le fruit, les procédés employés par la nature pour opérer cet effet.

8º Dissémination, déhiscence, accouchement.

L'on désigne sous le nom de déhiscence, etc., la sortie de la graine hors le fruit, opération analogue à celle de l'accouchement.

Analyse du fruit. — Le fruit n'est rien autre chose que l'ovaire parvenu à sa parfaite maturité. Il se compose de deux parties principales, le péricarpe et la graine.

Le péricarpe (mot grec qui signifie autour du fruit) est la partie qui contient les graines. Il se compose de trois autres parties, qui sont, en procédant de l'extérieur à l'intérieur, 1º l'épicarpe (mot grec qui signifie sur le fruit), sorte de membrane plus ou moins mince qui recouvre le fruit à l'extérieur; 2º le sarcocarpe (mot grec qui signifie chair — fruit) , cette partie plus ou moins pulpeuse qui vient immédiatement après l'enveloppe extérieure ou épicarpe ; 3° l'endocarpe (mot grec qui signifie en dedans du fruit) , cette autre membrane qui tapisse la cavité interne du fruit et qui touche directement aux graines. Il est très facile de prendre une idée exacte de ces trois parties du péricarpe en examinant une pomme : la pelure est l'épicarpe ; ce qui se mange est l'endocarpe ; la petite membrane sèche qui se trouve au centre entre le sarcocarpe et les pépins forme l'endocarpe.

Enfin , au péricarpe il faut joindre le trophosperme , qui est destiné à établir un moyen de communication entre le péricarpe et les ovules ou semences , pour servir à leur développement avant la maturité parfaite. Ce mot dérive de deux autres mots grecs , qui sont $\tau\rho\acute\epsilon\phi\omega$, je nourris , et $\sigma\pi\acute\epsilon\rho\mu\alpha$, semence , fruit. On en peut facilement prendre une idée dans l'examen de la gousse d'un pois ordinaire, où il est constitué par ce bourrelet allongé auquel tiennent les pois. Le trophosperme est dans les végétaux ce que le placenta (la partie la plus considérable de l'arrière-faix) est dans les femmes, et il est même désigné sous ce dernier nom par la plupart des auteurs anciens. On l'appelle encore réceptacle de la graine.

La graine est tellement connue de tout le monde, qu'il devient inutile d'en donner la définition : c'est comme l'on sait, l'ovule fécondé et mûr. Elle se compose de deux parties essentielles : l'épisperme ou enveloppe extérieure, et l'amende, qui est ce que contient cette membrane.

Enfin, pour terminer ce qui a trait à l'analyse du fruit, nous devons dire un mot du podosperme (mot grec qui signifie pied de la semence) : c'est le petit prolongement membraneux et creux qui s'étend du trophosperme à la graine, à l'effet d'établir un moyen de communication en--

tre les ovules et le péricarpe. C'est par cet appendice que les ovules reçoivent les sucs nourriciers nécessaires à leur transformation en graines , absolument comme le cordon ombilical le fait dans la femme et les autres mammifères. La petite cicatrice que présente la graine dans un de ses points prend le nom d'ombilic comme chez l'homme , et elle résulte du détachement du podosperme ou du cordon ombilical d'avec cette partie du fruit. Le simple examen d'un pois peut donner à tout le monde une idée parfaite de toutes ces parties.

Moyens que la nature emploie pour disséminer les plantes sur la surface du globe et prévenir l'extinction des espèces.

En tête de ces moyens figure la déhiscence (accouchement de la plante), laquelle consiste, comme nous l'avons déjà dit, dans l'écartement des différentes parties du péricarpe pour laisser échapper les graines au-dehors. Cette opération de la nature n'a lieu, comme chez les animaux, que quand les germes ont acquis toute leur maturité. Alors les graines, cherchant à s'échapper, rompent les liens qui les retiennent dans le péricarpe, et vont se répandre à la surface de la terre pour donner naissance à leur tour à de nouveaux individus végétaux. L'on sent combien cette opération, qui se fait plus tôt ou plus tard, est indispensable au maintien des espèces, puisque la germination ne saurait avoir lieu sans elle, et que l'on verrait bientôt tous les végétaux disparaître de la surface du globe. Au nombre des moyens que la nature emploie pour propager les plantes sur les différents points de la terre, et prévenir ainsi l'extinction des espèces, figurent spécialement le mode de déhiscence de certains fruits, la promptitude de la germination d'un grand nombre de graines, la faculté qu'offre un grand nombre d'autres de rester incorruptibles un temps fort considérable , les vents et les eaux qui les transportent au loin, les animaux qui les mangent en entier, enfin , leur grande fécondité. Passons en revue chacune de ces causes : toutes offrent des particularités infiniment curieuses pour l'homme jaloux d'observer la propagation des végétaux.

Déhiscence ou *dissémination*. — Il y a des fruits dont le péricarpe, à l'époque de la maturité, s'ouvre avec une telle rapidité que les graines se trouvent lancées comme par un ressort très élastique à une distance souvent fort considérable ; et quelquefois même avec grand bruit. L'on peut observer ce phénomène dans le sablier, la fraxinelle , la balsamine, etc. . etc.

Promptitude de la germination. — Il est un grand nombre de plantes qui germent avec une étonnante promptitude. Ainsi , d'après les observations d'Adanson , le choux germe en dix jours ; le pourpier .

en neuf jours; le millet et le blé, en huit jours; l'orge, en sept, le raifort en six; la courge, le melon et le cresson, en cinq; la laitue et l'anet, en quatre; le haricot, le navet et l'épinard, en trois jours.

Incorruptibilité. — A l'exception des graines huileuses, qui sont susceptibles de se rancir et qui demandent conséquemment d'être semées peu de temps après leur maturité, la plupart des graines paraissent incorruptibles lorsqu'elles se trouvent convenablement abritées. L'on sait en effet que toutes ont des enveloppes ou des espèces d'étui (épidermes), qui tentent à les conserver jusqu'à ce qu'elles soient jetées en terre ou placées dans des circonstances favorables à la germination. Ainsi, les haricots et la plupart des légumineuses peuvent se conserver cinquante, soixante, et même plus de cent ans. Il en est de même des graines qui se conservent intactes dans les murs, les trous et autres constructions où elles pénètrent avec le mortier. Ainsi, l'on abattit à Versailles une tour très ancienne, et bientôt l'on vit les décombres se couvrir de *sisymbrium irio*, quoiqu'on n'observât nullement cette plante dans le voisinage. Pareille observation fut faite par Roy, à l'occasion de l'incendie de plusieurs bâtiments construits depuis un temps fort considérable.

Vents et eaux. — Un grand nombre de graines sont tellement légères qu'elles peuvent être transportées à des distances considérables par les vents. D'autres sont ornées d'espèces d'ailes, d'aigrettes, etc., **en** vertu desquelles elles flottent dans l'air, et peuvent être portées non seulement loin du sol qui les a vues naître, mais même au-delà des mers, d'un continent à un autre. Telles sont les graines de la dent-de-lion, du pissenlit, et presque toutes celles qui composent la vaste famille des composées; du frêne, de l'orme, du bouleau, de l'érable, du sapin et d'un grand nombre de conifères.

L'on transporta l'érigéron du Canada au Jardin des Plantes de Paris, et quoiqu'il fût seul en France, la plupart des provinces le virent croître dans leur sol, où les graines avaient été transportées par les vents, à l'aide d'une aigrette soyeuse dont elles sont munies. L'on sait même que long-temps auparavant l'on vit les champs de l'Europe couverts de ce végétal, dont la graine s'y trouva transportée par les vents de l'Amérique septentrionale.

Les pluies, les ruisseaux, les torrents, les rivières, les fleuves et les eaux de la mer, ne sont point des agents de dissémination moins puissants que les vents, l'eau entraînant dans son cours les graines et les portant ainsi du sommet des montagnes dans les plaines et vers les côtes mariti-mes, d'une île à une autre, d'un continent à un autre. C'est ainsi que l'on vit les courants de mer transporter le coco des îles Maldives aux Séchelles. Les côtes de la Norvége nous offrent souvent des fruits qui y furent transportés du Nouveau-Monde par la même voie.

Animaux. — L'homme et les différents autres animaux servent encore puissamment à l'émigration des plantes. Tantôt, en effet, avalant les graines sans les mâcher, ils les déposent ensuite dans d'autres lieux avec les excréments, où elles germent, si elles se trouvent dans des circonstances favorables ; et c'est ce qui a communément lieu pour un grand nombre de fruits à noyaux, à pépins, à baies, etc. Tantôt ils les transportent accrochées à l'extérieur de leur corps, ainsi qu'on le voit si fréquemment pour la verveine, la carotte, la bétoine, le grateron, le sainfoin, la réglisse, l'ortie, la pariétaire, etc., etc., plantes dont les graines sont munies d'hameçons ou crochets à l'aide desquels a lieu leur transport mécanique.

Grande fécondité des plantes. — La fécondité des plantes en général et d'un cer-

tain nombre d'entre elles en particulier a
de quoi frapper l'esprit d'étonnement , en
même temps qu'elle nous explique la facilité de leur reproduction et de leur rapide multiplication Ainsi , pour en citer
quelques exemples, vous voyez sortir d'une
seule racine et en un seul été trois mille
graines de l'aunée ; quatre mille du grand
soleil, plus de trente mille du pavot ; plus
de quarante mille du tabac. L'on voit dans
les Mémoires de l'académie des sciences
un exemple remarquable de l'extrême fécondité de la vigne. L'on vit un seul pied
de ce végétal donner en 1731 quatre mille
deux cent six grappes.

**Amours des plantes dans lesquelles les organes mâles
et femelles ne se trouvent point réunis dans la même
fleur.**

Il est un certain nombre de plantes (notam-
ment celles contenues dans les 21e, 22e et 23^e
classes de Linné) dont les fleurs n'offrent
qu'un seul sexe , c'est-à-dire des étamines ou des pistils seulement. Tautôt l'on

trouve sur le même pied des fleurs mâles et des fleurs femelles, placées à une distance plus ou moins considérable les unes des autres, observation qu'il est facile de faire par l'examen de l'ortie, du bouleau, du hêtre, du chêne, du noyer, du noisetier, et de toutes les autres plantes monoïques. Tantôt, au contraire, les fleurs mâles se trouvent sur un pied, et les fleurs femelles sur un autre pied, ainsi qu'on le voit dans le saule, le chanvre, le houblon, le peuplier, le genévrier, l'épinard, et toutes les autres plantes dioïques.

Il n'est point de jardinier qui ne sache reconnaître au premier aspect les fleurs mâles et les fleurs femelles. Il nomme les premières fausses fleurs, parce qu'elles ne portent aucun fruit, ne servant absolument qu'à féconder les femelles : tandis qu'il désigne les dernières sous le nom de fleurs nouées, expression par laquelle il veut désigner qu'elles sont susceptibles de porter du fruit.

Dans ces plantes, les fleurs ne peuvent célébrer leurs noces qu'à une distance plus ou moins considérable, et la fécondation devient d'autant plus difficile que les mâles sont plus éloignés des femelles. La nature cependant parvient à vaincre cet obstacle, et les ailes des vents se chargent de transporter vers la femelle le pollen, ou poussière fécondante du mâle. Les papillons même et autres insectes ailés, en voltigeant de fleur en fleur, contribuent puissamment à transporter la liqueur des mâles vers les femelles.

La nature, qui veille d'une manière si active à la conservation et à la propagation des espèces, prit soin de ne jamais placer les individus mâles et les femelles à une distance si considérable les uns des autres qu'ils se trouvassent hors d'état de pouvoir opérer la fécondation ; et à moins que la main de l'homme ou d'autres circonstances accidentelles n'aient interverti son ordre, les plantes dioïques, mâles et femelles se trouvent toujours placées à une distance assez rapprochée les unes des autres pour que leurs fleurs puissent aisément célébrer leurs amours.

Preuves de l'existence des sexes et des amours de la plante.

La théorie de la reproduction chez les plantes est loin de n'être que le fruit de l'imagination, et elle ne peut paraître telle qu'aux yeux des individus dont l'œil ne s'ouvrit jamais pour contempler le brillant spectacle de la nature vivante. Elle est en effet étayée sur les observations les plus concluantes, observations qu'il est au pouvoir de chacun des hommes de faire journellement. Assurément, les rudiments des graines contenus dans l'ovaire ne peuvent parvenir à leur développement que par l'action de la poussière fécondante du mâle sur la femelle.

L'on cultivait dans le jardin des plantes de Berlin plusieurs dattiers femelles (*diœcie*), lesquels fleurissaient chaque année sans jamais avoir porté de fruits depuis quatre-vingt ans. Gleditsch ayant fait venir de Leipsick des branches de dattier mâle en fleurs, on les secoua fortement sur les premiers, et cette année, ces palmiers femelles, jusque-là stériles, ne manquèrent point de porter du fruit. Ces mêmes plantes ayant été laissées isolées dix-huit ans, continuèrent à fleurir chaque année, mais sans jamais porter de fruit. A cette époque l'on fit de nouveau venir des rameaux de palmiers mâles à l'effet de renouveler la même expérience, et l'on obtint le même résultat que la première fois.

Linné cultivait dans ses serres un pied de la *clutia pulchella*, à fleurs femelles, laquelle fleurissait au renouvellement du printemps sans porter aucun fruit. Ayant placé près d'elle un pied mâle de la même espèce, elle devint féconde, et cessa pour jamais de le devenir après que ce même naturaliste l'eût privée de son mâle.

Il existait dans le jardin des plantes de Paris deux pieds de pistachiers femelles, qui, bien que fleurissant chaque année, ne produisaient aucun fruit. Une année l'on fut étonné de les voir nouer et porter abondamment du fruit. Alors le célèbre Bernard de Jussieu avança, ainsi que l'avait fait Linné en Hollande, dans une occasion semblable, qu'il devait nécessairement exister un ou plusieurs pieds mâles à Paris ou dans les environs. L'on fit d'actives recherches, et l'on ne tarda pas de trouver à la pépinière des Chartreux un palmier mâle qui avait fleuri à la même époque que les deux femelles.

Que l'on tienne enfermés dans des serres bien closes des chanvres femelles, ils ne produiront aucun fruit. Que l'on place au contraire un seul pied mâle de la même espèce parmi ces femelles, toutes deviendront fécondes, seraient-elles au nombre de plusieurs milliers.

Des insectes nombreux, une gelée subite ou toutes autres circonstances capables de porter atteinte aux organes mâles ou à la femelle en particulier, font toujours avorter la semence. L'on sait combien les vignerons et les laboureurs redoutent les pluies à l'époque de la floraison de la vigne, des bleds, etc., lesquelles les privent de l'espoir d'une abondante récolte lorsqu'elles sont tant soit peu fortes et long-temps prolongées à cette époque des amours des plantes. La raison en est que l'eau, tombant sur les étamines, en enlève la poussière fécondante et l'entraîne dans sa chute. Aussi les cultivateurs disent-ils alors que le fruit coule.

Chacun sait que la castraction des plantes est suivie des mêmes résultats que chez l'homme et les animaux, c'est-à-dire qu'elles perdent la faculté de porter du fruit. Cette opération consiste dans l'ablation des organes mâles ou de leur tête seulement ; et pour qu'elle réussisse, on doit la pratiquer avant que ces mêmes organes aient déposé leur liqueur fécondante dans le sein de la femelle.

Personne n'ignore que, parmi un grand nombre de plantes du même genre cultivées dans un jardin, il en est qui sont susceptibles d'offrir des caractères particuliers, d'où ces espèces bâtardes, ou plutôt ces variétés curieuses qui ont tant de prix pour les amateurs. La raison en est évidemment la confusion des différentes poussières fécondantes portées pêle-mêle de fleur en fleur par les vents ou les insectes.

Lorsque les plantes se trouvent dans des circonstances à croître trop rapidement et à absorber une quantité exubérante de sucs, les organes mâles et femelles acquièrent presque toujours un excès d'embonpoint d'où résulte leur stérilité. Nous aurons occasion de faire la même observation pour l'homme et les animaux.

SECONDE PARTIE.

GÉNÉRATION DES ANIMAUX.

—

Quel champ vaste, sublime et riant tout à la fois, que l'étude des fonctions génératrices dans cette classe d'êtres vivans, à la tête desquels figure l'espèce humaine! Que de phénomènes curieux, variés tendant tous au même résultat! Quelle immense profusion de procédés générateurs différens la nature sait déployer pour la propagation des nombreuses espèces qu'elle appelle au banquet de la vie! Et cependant quelle unité et quelle analogie d'actions propagatrices parmi tous les individus de la classe animée, depuis l'humble bruyère que nous foulons aux pieds, jusqu'à cet être fier qui se qualifie superbement de *prince des animaux, roi de l'univers!* Quelle puissance, quelle source d'admiration et d'extase!!!

En même temps que l'étude de la génération des animaux présente à l'esprit de l'observateur une foule de sujets susceptibles de piquer vivement la curiosité, elle lui fournit encore une foule de données du plus haut intérêt, soit pour l'art de tirer le parti le plus avantageux des êtres que nous considérons comme placés sous notre empire, soit pour servir à l'intelligence et à l'explication des nombreux phénomènes de la génération humaine, sur le mécanisme de laquelle la nature semble, au premier coup d'œil, avoir voulu jeter un voile impénétrable.

L'histoire complète de la génération des animaux, et surtout de l'infinité de modifications apportées dans son exercice par la nature spéciale de chacune des espèces, serait un travail immense, auquel la vie entière de l'homme ne pourrait suffire, et qui est peut-être même au-dessus de ses facultés naturelles. En effet, quel nombre infini d'organisations et d'espèces différentes parmi les millions d'êtres vivans que la terre reçoit dans son sein, ou qui rampent à sa surface, qui volent dans les airs, qui nagent dans le vaste océan des mers, ou auxquels d'autres animaux servent d'asile! Quel grand nombre d'autres dont l'organisation et conséquemment le mode de reproduction échappent à l'œil armé même des meilleurs instrumens d'optique!

« Que de ressorts, dit l'immortel *Buffon*,
» que de forces, que de machines et de mou-
» vemens sont renfermés dans cette petite
» partie de matière qui compose le corps
» d'un animal! Que de rapports, que d'har-
» monie, que de correspondance entre les
» parties! Combien de combinaisons, d'ar-
» rangemens, de causes, d'effets, de princi-
» pes, qui tous concourent au même but,
» et que nous ne connaissons que par des
» résultats si difficiles à comprendre, qu'ils

» n'ont cessé d'être des merveilles que par
» l'habitude que nous avons prise de n'y
» point réfléchir. Cependant, quelque ad-
» mirable que cet ouvrage nous paraisse,
» ce n'est pas dans l'individu qu'est la plus
» grande merveille : c'est dans la succession,
» le renouvellement et la durée des espèces,
» que la nature paraît tout-à-fait inconce-
» vable. Le nombre des espèces d'animaux
» est beaucoup plus grand que celui des
» espèces des plantes, qui se montent, com-
» me l'on sait, à plus de quarante mille
» connues. Car il y a peut-être un plus grand
» nombre d'insectes, dont la plupart échap-
» pent à nos yeux, qu'il n'y a d'espèces
» de plantes visibles sur la surface de la
» terre. »

Il serait donc au-dessus de nos forces et
de nos facultés d'entrer dans tous les détails que comporte un si vaste sujet, et
nous devrons nécessairement nous borner à
n'exposer dans cet opuscule que les notions
générales les plus curieuses et les plus im-

portantes sur le mode de procréation des animaux. Nous devrons cependant entrer dans quelques détails sur un certain nombre d'espèces; mais ils seront toujours fort courts, et ne rouleront absolument que sur les phénomènes les plus remarquables et les plus intéressans à connaître pour le but que nous nous sommes proposé dans cet ouvrage.

Nous suivrons dans l'exposé des faits relatifs à la production la classification la plus généralement connue et adoptée de nos jours : celle en zoophytes, insectes, crustacés, vers, mollusques, poissons, reptiles, mammifères.

CHAPITRE PREMIER.

ZOOPHYTES.

Les zoophytes (mot dérivé de ξῶον, animal, et φύτον, plante) comprennent tous les animaux dont l'organisation, la sensibilité et la contractilité musculaire sont si peu prononcées, qu'ils ont été considérés comme occupant un juste milieu entre le règne végétal et l'animal : tels sont les microscopiques ou *infusoires*, que l'on voit quelquefois au nombre de plusieurs milliers dans une goutte de vinaigre ou sur une seule dent, à l'aide du microscope solaire; les éponges, le corail, les polypes, les vers intestinaux, les hydatides, etc., etc.

L'histoire naturelle n'a pas encore pu nous fournir des données bien satisfaisantes sur le mode de procréation de cette classe obscure d'animaux. Les uns doivent être hermaphrodites, comme les éponges et les étoiles de mer, etc., et se reproduire à la manière des fleurs; d'autres, tels que les polypes, se propagent par bouture, comme un grand nombre de plantes, c'est-à-dire que, coupés en un certain nombre de parties, celles-ci se transforment en autant d'animaux semblables au premier; enfin d'autres qui se perpétuent par des œufs, tels que les hydatides et les vers intestinaux, dont nous venons de voir qu'ils se reproduisent aussi par bouture.

Les œufs de ces animaux, et notamment des hydatides ou vers vésiculeux aqueux, sont tellement ténus, qu'ils peuvent pénétrer d'un individu à un autre par la seule voie de la génération, circuler dans la masse du sang, s'interposer dans le réseau des organes, où ils sont susceptibles de germer et de se transformer en des animaux plus ou moins gros et plus ou moins nuisibles à la santé. C'est ainsi que l'on trouve ces êtres malfaisans dans l'estomac, les intestins, le foie, les poumons, et le cerveau

même , dans lesquels ils peuvent occasionner des maladies mortelles. C'est un parasite de cette espèce qui se développe fréquemment dans le cervau du mouton, chez
lequel il détermine ce tournoiement, promptement mortel, connu sous le nom de tour-
nis.

Les fruits verts et les herbes grasses, hu-
mides favorisent singulièrement le deve-
loppement de leurs germes. Aussi est-ce
pour cette raison que l'on observe si souvent des vers lombricoïdes, ascarides, le
tænia ou ver solitaire , chez les sujets qui
font un usage abusif des fruits verts, des
crudités, etc.

CHAPITRE II.

INSECTES.

Les insectes (mot dérivé du verbe latin
inseco, je divise, parce que leur corps est

composé d'un certain nombre de parties distinctes, articulées, comme surajoutées et soudées entre elles) les insectes, dis-je, présentent un mode de procréation et de développement dont il n'est personne qui ne soit satisfait d'avoir une connaissance au moins superficielle. Tout dans ces petits êtres qui nous entourent en foule, et sur lesquels le vulgaire ignorant semble dédaigner de porter un coup-d'œil attentif, mérite au suprême degré de fixer nos méditations. Un sexe parfaitement prononcé, des organes génitaux préparant des liquides propres à la reproduction, un accouplement réel et parfaitement visible, la ponte d'un plus ou moins grand nombre d'œufs, le changement de ces œufs en un animal plus ou moins imparfait, les mutations ou transformations de cet animal pour parvenir à son entier développement, et une foule d'autres considérations curieuses : voilà ce qu'offrent à nos études le ver à soie, le papillon, l'abeille, la mouche, l'araignée, et jusques aux animaux parasites auxquels la surface de notre corps sert de demeure.

Sexe des insectes. — Comme dans le plus grand nombre des êtres vivants, les insectes présentent les deux sexes dans des individus séparés et parfaitement distincts, dont les uns mâles et les autres femelles.

Dans l'abdomen des mâles se trouve un corps glanduleux, destiné à puiser dans les liquides qui lui sont apportés par des vaisseaux distincts une liqueur qui, à mesure qu'elle se prépare, se trouve transportée par un autre petit conduit dans une espèce de vessie, où elle s'amasse en plus ou moins grande quantité. L'organe qui prépare cette semence prend le nom de testicule; le canal qui le dépose dans la vessie, celui du canal déférent; et cette vessie où elle s'amasse, celui de vésicule séminale. — De la vésicule séminale part un autre petit conduit (canal éjaculateur), dont l'usage est de déposer la semence dans

le membre génital de l'animal lors de l'éjaculation. Or le membre génital de l'insecte consiste en un petit corps conique,
creux, susceptible de se durcir par l'érection, et destiné à transmettre la liqueur
fécondante dans les parties sexuelles de la
femelle. Il est très facile d'observer ce petit
corps allongé à l'*anus* du papillon, de l'a-
beille, de la guêpe et de tous les insectes,
qui l'offrent généralement dans cette partie du corps. Il y a cependant quelques
exceptions à cet égard : le mâle de l'araignée, par exemple, offre les parties sexuelles près la bouche, et quelques autres sous
le ventre.

Dans l'abdomen des femelles s'observe
également un appareil sexuel parfaitement dessiné. Il consiste principalement
en un corps glanduleux, destiné à préparer un nombre d'œufs plus ou moins considérable selon l'espèce, et qui, par la
fécondation, doivent se changer en de
nouveaux êtres. Cette partie prend, com-

me chez les plantes, le nom d'ovaire. Il communique à l'extérieur par un canal plus ou moins long, lequel vient s'ouvrir à l'entrée de l'anus, et est destiné, d'une part, à porter la semence du mâle vers l'ovaire, pendant l'accouplement, et de l'autre. à transporter les œufs au-dehors, lorsqu'ils ont été fécondés par le mâle : c'est le vagin (style dans la fleur).

Chez la plupart des femelles, fait suite à cette partie un tuyau plus ou moins long, terminé par une pointe avec laquelle elles font des trous pour y placer leurs œufs, ainsi que nous le verrons plus loin.

Outre ces caractères distinctifs des sexes, les mâles, comme chez les animaux, se distinguent des femmelles par d'autres dispositions organiques plus ou moins générales. Ainsi, ils sont plus petits que les femelles dans toutes les espèces d'insectes bien connus. D'autres offrent des antennes (vulgairement cornes) ornées de nœuds, de barbe ou de bouquets de poils, qu'on ne rencontre point dans les femelles de leur espèce. Certains autres ont des ailes , tandis que leurs femelles en sont privées ou ne les offrent que très peu développées. D'autres enfin se font remarquer par des couleurs étrangères au corps de la femelle : ainsi le mâle de la disparate est gris , tandis que la femme est blanche.

Il est un certain nombre d'espèces , telles que les termites, les abeilles, etc. , qui offrent des individus incapables de reproduction , par l'imperfection de leur appareil sexuel. Comme chez les autres animaux, on appelle ceux-ci neutres , mulets.

Puberté des insectes. — Ce n'est que quand les insectes sont parvenus à l'époque de leur accroissement et de leur force qu'ils commencent à se livrer aux actes de la reproduction , et cette époque arrive ordinairement tous les ans, du moins dans nos climats, au retour du printemps, et avant l'automne. Alors, de larves, de chenilles ou de vers qu'ils étaient , ils acquièrent ces belles formes que nous admirons dans nos plus beaux papillons. Leur sensibilité et leur contractilité acquièrent un développement des plus subits et des plus extraordinaires. Tous leurs mouvements s'exécutent avec une extrême agilité ; ils sont dans une agitation continuelle, se recherchent avec ardeur pour l'acte de la reproduction, et semblent vouloir se dédommager, par la rapidité de leurs actions, de la courte durée de leur existence. Mais il serait bien impossible de concevoir les fonctions des insectes sans connaître préliminairement les métamorphoses qu'ils doivent en général éprouver avant cette brillante époque de leur puberté.

Métamorphoses des insectes. — Les mouches, les abeilles, les guêpes, les papillons, et l'infinité d'insectes que nous voyons voltiger dans l'air et se livrer ardemment entre eux aux plaisirs de la reproduction, sont loin d'avoir acquis cette perfection en une seule période, et n'y sont parvenus au contraire que par une série de mutations complètes dans leur organisation et leurs mœurs , changements qui sont ce que nous appelons *métamorphoses*. Donnons un exemple de ces mutations dans la considération du développement de l'insecte que tout le monde connaît sous le nom de **ver à soie**.

Le premier état de ces animaux est , comme chez tous les insectes , des œufs , déposés par la femelle dans un endroit favorable à leur développement. Ils demandent ordinairement six mois pour éclore , c'est-à-dire pour qu'il en sorte des êtres vivants.

Les êtres vivants produits par ces œufs consistent en de petits animaux allongés , présentant assez de ressemblance avec les vers , à l'exception qu'ils offrent seize pates , lesquels se repaissent avidemment des feuilles du mûrier dès leur naissance , et grossissent ainsi avec une extrême rapidité. L'insecte prend alors le nom de larve, chenille , et, vulgairement, ver à soie.

(Les prétendus vers que l'on observe dans les charognes, les fromages, etc., ne sont que de véritables larves, c'est-à-dire des mouches ou d'autres insectes sous leur première forme.)

Une telle rapidité dans l'accroissement de la larve, de la chenille, ou si l'on veut du ver à soie, donne bientôt aux organes internes un volume si considérable qu'en moins de huit jours après la naissance de l'insecte, sa peau ne peut plus suffire à son agrandissement ultérieur. Alors, cette peau crevant, et se détachant du corps de la petite chenille, l'on voit celle-ci en sortir avec une nouvelle enveloppe beaucoup moins lisse et couverte de poils. L'accroissement continuant avec la même rapidité, cette nouvelle peau crève à son tour, au bout de six ou sept jours, pour faire place à une troisième, qui le même temps après cédera également sa place à une quatrième. Ces trois changements de peau, qui se font ordinairement dans l'espace de vingt-cinq ou vingt-huit jours, comme nous venons de le voir, sont désignés sous le nom de mues de la chenille. Nous allons en voir un quatrième.

La chenille, sentant que sa cinquième peau ne pourra bientôt plus suffire à son développement interne, cherche un lieu sûr et écarté à l'effet de s'y construire une habitation qui la mette à l'abri de l'injure des autres insectes ou des différents corps extérieurs. C'est alors que cette habile ouvrière file une sorte de tapisserie fine, que nous appelons soie, et qu'elle dispose autour d'elle de manière à se voir entièrement cachée dans un trou ovale, où elle puisse éprouver sans obstacle les autres transformations dont elle est susceptible. Cette demeure des larves ou des chenilles prend le nom de cocon ou follicule. C'est en dévidant les cocons que l'on obtient la soie.

Ainsi renfermée dans son cocon, la chenille ou ver à soie ne tarde pas à se dépouiller de sa cinquième peau, pour revêtir une forme toute nouvelle, que nous appelons nymphe, chrysalide, aurélie, et vulgairement fève.

Environ trois semaines après le changement de la chenille en chrysalide, elle éprouve une nouvelle et dernière transformation, qui la rend entièrement différente de ses premiers états. C'est en effet un un insecte parfait, de couleur blanche, qui, s'élançant tout à coup de sa demeure, voltige rapidement dans les airs, à l'aide de ses quatre ailes lépoïdes et légères, poursuit avec ardeur un sexe différent du sien, féconde ou est fécondé, s'empressant ainsi de mettre à profit sa courte existence, dont la cessation suit presque immédiatement l'accouplement et la ponte. Cet insecte porte en histoire naturelle le nom de *bombyce du mûrier*.

Tel est le mode le plus ordinaire du développement du plus grand nombre des insectes qui voltigent dans les airs, et notamment des lépidoptères, où figurent le genre papillon , qui compte près de quinze cents espèces.

Tous les insectes sont loin d'offrir des transformations aussi complètes , même parmi les ailés. Ainsi , chez les sauterelles aquatiques , les grillons , les punaises volantes, etc., les larves n'acquièrent guère qu'une nouvelle peau et des ailes qui leur manquaient. D'autres insectes n'éprouvent que de légères mutations dans leur peau, soit qu'elle se renouvelle, soit qu'elle change de couleur. Exemples : les tiques, les mittes, les cirons, les poux, les morpions, les araignées, les faucheurs, etc. ; mais nous croyons inutile d'entrer dant tous ces détails.

ACCOUPLEMENT ET NOCES DES INSECTES. — Les insectes , comme presque tout ce qui est doué de la vie , ne peuvent perpétuer leur espèce que par l'accouplement, ou l'action immédiate des parties sexuelles du mâle sur celles de la femelle, avec émission spermatique. Comme chez les plantes, la liqueur spermatique lancée par le mâle dans les parties sexuelles de la femelle pénètre jusqu'à l'ovaire, aux œufs duquel elle imprime un nouveau mode de vitalité et d'action, sans lequel ils ne sauraient éclore.

Ainsi que nous l'avons déjà dit précédemment, l'ardeur amoureuse des insectes, notamment de ceux qui portent des ailes, doit être en raison directe de la courte durée de leur existence. L'on sait, en effet, que les œufs et les larves exigent presque toujours un temps fort considérable pour ne former qu'un être dont la vie ne durera souvent que quelques jours. Assurément, l'on s'étonnera peu de voir les mâles des hannetons collés presque continuellement contre leurs femelles, si l'on réfléchit que les larves de ces insectes demandent quatre ans pour développer un individu auquel la nature n'accorde guère plus de huit ou dix jours de vie.

Aussi, à peine le retour d'une saison bienfaisante est venu réchauffer et ranimer la

surface de la terre , que la troupe innombrable de ces petits êtres, arrachés de leur
état inerte et grossier par les rayons bienfaisans de l'astre du jour, s'empressent tous
de payer leur tribut à la déesse de l'amour
et de la régénération. A peine ils sont sortis
de leur état d'engourdissement et de nullité , qu'ils paraissent animés d'un excès de
vie qui a besoin de se communiquer et de
se propager. Les deux sexes , dévorés inté-
rieurement par une flamme active qui ne
peut être éteinte que par le contact réciproque des mâles et des femelles , se recherchent également avec une ardeur sans égale,
et s'empressent de mettre à profit le temps
heureux de leur printemps éphémère. Tout
ce qui a vie et est animé par l'amour semble attiser encore le feu qui les dévore et
avoir pour eux les charmes les plus indicibles. L'odeur spermatique des plantes en floraison exalte au suprême degré leur ivresse
amoureuse, et c'est presque toujours sur les
fleurs les plus brillantes et les plus fraîche-

ment épanouies que s'accomplissent leurs délicieux sacrifices. C'est ainsi que, dans la saison heureuse des voluptés, tous les êtres vivans paient en même temps leur juste tribut à cette déesse puissante, qui tend toujours à maintenir le monde animé dans le plus brillant printemps : et l'humble bruyère sur laquelle reposent nonchalamment deux jeunes amans attirés par l'amour dans le silence des bois, et le reptile qui rampe sous l'herbe, et le papillon qui voltige légèrement de fleur en fleur, et les oiseaux qui, par leurs chants mélodieux, semblent égayer leurs amours!!!

En quelque endroit que l'homme porte ses regards, il se trouve surpris de rencontrer dans les êtres les plus minimes et les plus obscurs un excès de volupté que l'habitud qu'il a de se considérer comme seul dans la nature semble le porter à regarder comme propre à sa seule espèce. Pendant qu'il repose auprès de sa moitié dans le silence de la nuit, son oreille est frappée des

chants d'amour du grillon domestique. A
peine il ouvre les yeux à l'aube du jour,
qu'il est témoin de l'ardent accouplement
de deux mouches, aux amours desquelles
son front même sert souvent de théâtre. Sur
les fleurs qu'il cultive, il aperçoit deux brillans papillons s'enivrant des plus douces
voluptés. A chaque pas qu'il peut faire dans
une riante campagne, il voit dans le sein
des airs le mâle des demoiselles saisir leste-
ment sa femelle par le cou, à l'aide de deux
grandes tenailles qu'il présente à l'extrémité
de sa queue, à l'effet de la forcer à venir
appliquer étroitement ses parties sexuelles
contre les siennes, et de consommer ainsi
l'acte amoureux pendant le vol. Dans les
bois, ses yeux sont à chaque instant frappés
de l'admirable spectacle de l'ardent amour
qui dévore la femelle des vrillettes : il voit
cette vraie messaline cramponnée solide-
ment contre un arbre avec ses pattes, frap-
pant fortement celui-ci de la tête, impri-
mant à tout son corps les trémoussemens les

plus singuliers et relevant continuellement l'anus pour inviter un mâle de son espèce à venir opérer le contact nécessaire à la fécondation, et seul capable de calmer les feux qui la consument. Plus loin s'offre à l'admiration l'abeille femelle, qui, arrachée par le besoin de la reproduction, de la ruche qu'elle dirige en reine, reçoit les étroits embrassemens d'une foule de bourdons empressés de lui payer à l'envi leur tribut de mâles et de sujets.

Les éphémères, dont la larve ne peut se transformer en insecte parfait que trois ans après avoir séjourné dans la vase des rivières, pour expirer quelques heures après, sont peut-être de tous les insectes ceux qui marquent le plus d'empressement à accomplir les fonctions de la reproduction. Après ce temps considérable de nullité, les larves, s'étant transformées en nymphes ou chrysalides, sortent de l'eau, et vont s'accrocher en quantité presque innombrable à quelque corps solide, où s'opère en quelques

instans leur passage à l'état d'insecte parfait.
Ces animaux aîlés comptent à peine quelques secondes d'existence, que prenant leur
vol dans l'air, leur premier soin est de se
rechercher les uns les autres pour l'accouplement, qui a lieu dès ce premier vol.
Dès l'instant où les mâles, qui surpassent
les femelles en nombre, ont fécondé celles-
ci, ils perdent toute leur vigueur et périssent. La nature n'accorde aux femelles quelques instans de plus que pour leur laisser
le temps d'aller déposer leurs œufs à la surface de l'eau, d'où ils tombent dans la vase
pour s'y développer, et de cet essaim innombrable d'insectes aîlés que l'on a vus
s'élever de l'eau il n'y a que quelques heures, il ne reste plus qu'un monceau de cadavres, dont les poissons se nourrissent avec
avidité.

La génération des pucerons, petits insectes fort communs dans nos jardins et nos
bois, où nous les voyons vivre en société
sur presque toutes les plantes, et particu-

lièrement sur le chêne , nous offre des particularités qui n'ont sans doute rien d'égal dans la nature vivante, et que l'on serait tenté de considérer comme fabuleuses, si elles n'avaient pas été observées, un si grand nombre de fois et avec la plus grande attention. Les pucerons que nous voyons l'été sont tous des femelles, déposées toutes vivantes au dehors du sein de leur mère, et contenant elles-mêmes des œufs qui furent fécondés par le mâle avant même qu'elles vinssent au monde. Si on les presse, en effet, dès l'instant de leur naissance , on fait sortir de leur corps par l'anus un plus ou moins grand nombre de petits embryons, dont les uns présentent des ailes et les autres en sont privés. En automne figurent parmi celles-ci, des mâles, beaucoup plus petits qu'elles , lesquels périssent dès l'instant où ils se sont accouplés, tandis que les femelles ne subiront le même sort qu'après la ponte. Car il faut noter que , dans cette dernière portée , au lieu d'être vivipares elles ne déposent au dehors que des espèces de coques, qui, après être restées immobiles tout l'hiver, se transformeront le printemps suivant en autant de pucerons femelles. Ces dernières femelles n'auront pas besoin de mâles pour produire. En effet, elles donneront le jour, par une fécondation préexistante à leur naissance, à d'autres pucerons du même sexe, lesquels, par la même fécondation préexistante, et sans le secours de l'accouplement, en produiront d'autres, et ce, de la même manière, pendant quatre générations successives. Ainsi de cet accouplement des pucerons en automne, nous voyons une famille composée de filles, de petites-filles, d'arrière-petites-filles, de sur-arrière-petite-filles et de petits-fils.

Généralement parlant, les mâles et les femelles des insectes n'ont entre eux d'autre relation que celle nécessaire à la fécondation des œufs. A peine, en effet, l'ovaire est imprégné de la liqueur du mâle, qu'il s'opère entre eux une séparation éternelle, ou qu'ils se considèrent au moins comme parfaitement étrangers. Le plus souvent même le mâle expire immédiatement après avoir payé son tribut à la nature, et dans d'autres cas il est mis à mort par la femelle, qui, comme l'on sait, le surpasse presque toujours en force et en vigueur; et c'est ce que nous avons souvent occasion d'observer dans les amours de l'araignée, et de l'abeille domestique, ou mouche à miel. La femelle alors, bien différente de celle de notre espèce, méprisant des plaisirs sans but pour la procréation, ne cherche plus qu'à trouver un endroit convenable où elle puisse déposer en sûreté le fruit de ses amours, et c'est particulièrement dans ce choix admirable que l'instinct et la prévoyance maternelle de l'insecte se montrent dignes de nos études et de nos observations, ainsi que nous ne tarderons pas à le voir.

Cependant il y a quelques espèces d'insectes qui offrent exception à cette règle générale, et dont le mâle et la femelle s réunissent pour travailler de concert à l'éducation physique et morale de leurs petits, et ce sont toujours celles dont les larves, nées sans pattes, ou très faibles, ne pourraient pourvoir elles-mêmes à leur subsistance. Les espèces d'abeilles sans neutres nous en offrent un exemple. Ainsi, chez elles le père et la mère se réunissent presque toujours pour placer les petits dans un lieu de sûreté, les défendre contre tout aggresseur, et venir leur apporter, à des intervalles convenables, une espèce de pâtée appropriée à la faiblesse de leurs organes.

OEufs des femelles. Endroits ou ils sont déposés. Instinct et amour maternel. —Presque tous les insectes sont ovipares, c'est-à-dire se reproduisant par des œufs, et les exceptions à cet égard méritent à peine d'être citées. Ainsi, nous ne connaissons guère que les cloportes, certaines espèces des syrphes, la cochenille, et un très petit nombre d'autres espèces peu connues, qui

offrent exception à cette règle générale.
Chacun sait que la femelle des cochenilles,
dont tout le monde connaît les usages en
teinture, ne pond point. Fécondée par le
mâle, elle périt presque de suite. Les œufs
restés dans son corps y éclosent, et les êtres
vivants qui en résultent se nourrissent des
organes internes de leur mère. Au printemps
suivant le corps de celle-ci acquiert un volume considérable, la peau crève, et il en
sort des insectes vivants. Tels sont à peu
près les seuls exemples de génération vivi-
pare qui nous sont offerts par la classe d'a-
nimaux que nous étudions.

Les œufs des femelles varient en grosseur, couleur, forme, et en temps nécessaire à leur transformation en larves. Ainsi
on en trouve de ronds, d'ovales, de côni-
ques ; de blancs, de jaunâtres, de couleur
d'or, de perlés, etc.; un seul dans la scara-
bée, la blatte, etc. ; d'un à cent dans les
invertirodes; plusieurs milliers dans l'abcil-
le, beaucoup d'espèces de charençons, et

notamment celle du blé, etc. Le temps qu'ils exigent pour éclore est en général de six ou sept mois, comme dans le ver à soie, la plupart des papillons, etc. Le temps nécessaire à la transformation des larves en insectes parfaits est aussi fort variable : ainsi il peut être de quelques jours, comme dans certaines mouches de charognes; de plusieurs années, comme dans les hannetons, les éphémères, etc. Il n'y a pas moins de variété dans les mois de l'année auxquels s'opèrent ces transformations. Pour le plus grand nombre des espèces et dans nos climats, c'est ordinairement du mois de juin au mois de septembre, quoique l'on puisse voir des transformations d'espèces dans presque tous les autres temps de l'année, c'est-à-dire de février à décembre. La plupart des insectes périssent immédiatement après l'accouplement et la ponte, et il n'y a guère d'exceptions que pour un très petit nombre d'espèces, au nombre desquelles nous citerons les araignées, qui vivent et se propagent pendant plusieurs années.

L'instinct avec lequel les femelles des insectes savent choisir les endroits les plus convenables au développement de leurs œufs et au bien-être de leurs larves est peut-être ce qu'il y a de plus admirable dans l'histoire de ces petits êtres, tant par rapport à leur inconcevable intelligence que pour le zèle et l'attachement que toutes déploient pour la conservation de leur progéniture. Ainsi on en voit qui les déposent dans des matières végétales et animales en putréfaction, le fromage, la viande, etc., comme certaines espèces de mouches, les escarbots, et doù résultent des larves que le vulgaire appelle vers; dans les excrémens, comme les scatopses, etc.; dans l'intérieur des plantes, et principalement dans le calice des fleurs, qui deviennent le siége de tumeurs et de galles fort singulières; comme les *bibions*, etc.; sur les feuilles et les fruits, comme la plupart des papillons, etc. ; sous l'écorce des arbres, qui en périssent quelquefois, comme les *cossus*, les diplolèpes ; dans la cire, les tapisseries, les pelleteries et les grains, où les chenilles occasionnent des dégâts dont on ne s'aperçoit souvent que quand il n'est plus temps d'y remédier, comme les dermestes, etc. ; dans les souliers, comme la blatte : etc. , dans la substance même des arbres les plus durs, comme les vrillettes, etc. ; dans les bois de construction et les chênes les plus durs, comme le ruine-bois, etc. ; dans le blé, comme le charençon du blé ; dans la noisette, comme le charençon de ce nom ; dans les mares, les étangs et les petits ruisseaux, comme les demoiselles, etc. ; sur le bord des eaux, comme les phryganes, etc. ; sur les arbres, comme les cigales, les pucerons ; dans le bois de lit, les fentes des murs et les vieux meubles, comme les punaises, etc. ; dans l'intérieur de la terre, comme les fourmis, etc. ; dans des cellules artistement arrangées, comme les abeilles, les guêpes, etc.; dans le corps d'autres larves qu'elles estropient et percent de plusieurs trous pour y déposer leurs œufs, à l'effet qu'ils puissent s'y développer à leurs dépens, comme les diplolèpes, les mouches-armées, les hérissonnes, etc.; dans le corps des souris, des taupes, des grenouilles et autres animaux morts; qu'elles prennent soin d'enterrer pour servir de pâture à leurs larves, comme les nécrophores; à la surface d'autres animaux fort gros, comme les poux, les poux ailés, les morpions, les puces, les tiques, les mittes, les mouches-araignées, etc.; sous la peau même de l'homme et de ces animaux, comme certaines espèces d'oëstres, dont d'autres espèces ont la témérité d'aller déposer leurs œufs dans les narines du mouton et de l'homme, dans le fondement des chevaux, où leurs larves déterminent des accidens quelquefois mortels.

C'est ainsi que, pour la conservation des

espèces, les animaux les plus nobles deviennent la pâture des insectes et des vers en
apparence les plus vils, et que la nature
voit du même œil l'araignée tuer impitoyablement la mouche qui fut assez imprudente
pour se laisser prendre dans ses réseaux, la
punaise se repaître du sang de l'homme,
le tendre enfant d'une mère éplorée devenir la pâture des petits de l'aigle destructeur, le venin mortel du serpent circuler
dans les veines du lion, et celui-ci à son
tour dévorer les entrailles de l'homme ter-
rassé sous ses puissantes griffes!!! Quelles
pensées philosophiques naissent en foule
de ces tristes considérations!!!

« Une affligeante vérité, dit M. Virey,
» nous démontre chaque jour que le genre
» humain n'est pas plus favorisé par la na-
» ture que toute autre espèce. Ainsi que le
» reste des animaux, nous sommes exposés
» aux attaques, aux insultes d'une foule
» d'êtres véritablement parasites, qui se

» nourrissent et s'engraissent de notre pro-
» pre substance.

» Lorsqu'on envisage ce fait en philoso-
» phe, il naît une réflexion bien juste : c'est
» que nous nous sommes formés des idées
» de notre grandeur infiniment au-delà
» de notre propre état et de la vérité. C'est
» le comble de la démence qu'un être ron-
» gé de vers parasites, de vers qui dévo-
» rent ses entrailles ait osé prétendre que
» tout ce qui existe était uniquement fait
» pour lui, pour son bonheur. Ce maître
» orgueilleux de la terre, cet admirateur
» des cieux, est la vile proie d'un ciron !
» Comment un individu si frêle, une ma-
» chine si voisine de son éternel anéan-
» tissement, un être victime de toutes les
» douleurs, exposé à tous les dangers, un
» animal soumis, comme tous les animaux
» aux mêmes lois de la nature ; comment,
» dis-je, a-t-il pu penser que le vaste uni-
» vers était formé pour son usage ?..........
» Mortel, petit et faible, qui vis une heure

» sur un tas de boue, prosterne-toi devant
» l'auteur de la nature, car tu n'es que l'ali-
» ment d'un vermisseau. »

CHAPITRE III.

CRUSTACÉS, VERS, MOLLUSQUES.

La grande analogie qui existe entre les
fonctions génératrices des crustacés, des
vers et des mollusques, nous a engagé à
rassembler ces trois classes d'êtres sous le
même chef, en leur consacrant à chacune
un article particulier. Quoique les phénomènes reproducteurs soient en général
moins nombreux que dans les insectes,
nous ne laisserons pas d'y trouver des faits
aussi intéressans que propres à nous
conduire à la solution du grand problème
de la génération humaine. Mais, avant
d'aborder ces questions, donnons une
juste idée de ce que l'on entend en histoire

naturelle par crustacés, mollusques et vers.

Les crustacés ont été ainsi appelés de l'adjectif latin *crustaccus*, qui signifie couvert d'une ou plusieurs croûtes, parce que la plupart de ces animaux présentent en effet une espèce d'enveloppe cornée ou plutôt d'étui calcaire qui sert d'é-gide à leurs corps contre le choc des agens extérieurs, ainsi qu'on l'observe dans les crabes, les écrevisses, etc. Ce sont des animaux qui ressemblent beaucoup aux insectes, sous tous les rapports : mais qui en diffèrent en ce qu'ils respirent par des branchies, organes particuliers qui leur servent à la respiration de l'eau.

Les vers, dont le lombric ou ver de terre peut nous servir d'exemple, sont des animaux mous et allongés, lesquels diffèrent spécialement des insectes et des crustacés en ce qu'ils n'ont point de mem articulés.

Les mollusques, dont le limaçon nous

offre un exemple, sont, ainsi que leur nom l'indique, des animaux fort mous, lesquels diffèrent des crustacés en ce qu'ils n'ont point de membres articulés, des insectes et des vers, parce qu'au lieu de trachées ou de branchies, ils offrent de véritables organes respiratoires ; enfin, des vers, en ce qu'ils n'offrent point un corps étranglé d'espace en espace. Enfin, les zoophytes, les crustacés, les vers et les mollusques se distinguent des reptiles, des poissons, des oiseaux et des mammifères, en ce qu'ils sont privés de colonne vertébrale (vulgairement échine). Passons maintenant à ce qui a trait à leur génération.

Crustacés. — Le mode de procréation des crustacés étant à peu près le même que dans les insectes, nous n'aurons ici que très peu de faits à exposer à leur égard.

Comme dans les insectes, les crustacés offrent deux sexes, dont l'un mâle et l'autre femelle; ils ne peuvent se reproduire que par l'accouplement, et ne se propagent que par des œufs. Les écrevisses et les crabes ou cancres étant les plus connus et les plus parfaits de tous les crustacés, nous allons nous borner à exposer l'histoire de la génération dans ces deux familles, et plus particulièrement encore de l'écrevisse, que chacun est à même d'observer tous les jours. A quelques exceptions près, tout ce que nous dirons de la procréation de cet animal aquatique doit s'appliquer à tous les autres crustacés.

Les écrevisses jouissent de la singulière prérogative de réparer en entier leurs membres, lorsque quelque accident est venu les détacher de leur corps. Aussi, quand les pêcheurs espagnols ont saisi quelques écrevisses d'une certaine grosseur, se contentent-ils de casser les serres ou pates de devant, qui sont excellentes à manger, après quoi ils les remettent dans l'eau, bien convaincus qu'elles ne manqueront pas d'en pousser d'aussi parfaites soit peu de temps après, et ce, successivement un grand nombre de fois.

Tous les ans, au mois de mai, les écrevisses se dépouillent de leur ancienne peau, pour en revêtir une nouvelle, laquelle acquiert toute la dureté que nous lui connaissons en moins de trois jours. Ce renouvellement de teste tient à l'accroissement des organes internes de l'écrevisse, auquel ne peut plus suffire l'ancien étui calcaire.

Comme chez les insectes, la femelle des écrevisses est manifestement plus grosse que le mâle. L'un et l'autre sont doués d'un double appareil génital. Dans l'écrevisse mâle, on voit les parties sexuelles doubles venir faire saillie sur la hanche de la dernière paire des pates. Les parties génitales de la femelle demandent quelques détails particuliers.

Elle présente, en conséquence de sa

double organisation sexuelle, deux ovaires, semblables à celui que nous avons observé dans l'insecte, lesquels sont situés sous la grande écaille qui couvre la tête et le corps. De l'un et l'autre de ces ovaires part un canal (style ou pistil dans les plantes, vagin) qui pénétrant dans la première partie de la jambe du milieu, vient se terminer sur les hanches de la même partie, où l'on aperçoit visiblement deux petites ouvertures à peu près rondes, recouvertes d'une membrane qui s'ouvre du côté du ventre lorsque le mâle vient y déposer la liqueur spermatique, et par où les œufs sortent au dehors, quand ils ont été fécondés dans les ovaires par l'action de cette même liqueur. A mesure que ces œufs sont expulsés au dehors, ils s'amoncellent sous la queue de l'animal.

Les femelles des crabes ont, comme l'on sait, la queue plus longue et plus arrondie que les mâles, qui l'offrent carrée. Les œufs y éclosent, en sorte que ces crustacés donnent le jour à des individus vivants (*vivipares*), lesquels ainsi que les pucerons, jouiront de la faculté de se reproduire sans l'accouplement, ayant été fécondés pour trois générations successives.

C'est ordinairement en novembre et en décembre que les écrevisses et les cancres pondent leurs œufs. Cependant l'on en observe quelquefois d'attachés encore à leur queue en janvier, février et même en mars, quoique ce dernier cas soit fort rare.

Les œufs de ces animaux jouissent de la faculté de se transformer en des êtres vivants, lors même qu'ils ont été long-temps séparés du corps de la femelle et qu'ils sont mêmes desséchés, quand on a soin de les replacer dans l'eau, ce qui n'est pas indifférent à connaître pour la propagation d'animaux qui fournissent à l'homme un aliment si sain et si délicat. Les crustacés, quoique moins chauds que les insectes, ne laissent pas de célébrer leurs noces avec beaucoup d'ardeur, et les pêcheurs ont souvent lieu d'observer le petit mâle des écrevisses, dites chevrettes, solicoques, etc., fortement uni à sa femelle, état dans lequel tous deux semblent avoir oublié tout danger et se laissent prendre avec beaucoup de facilité.

Nous devons établir un point de comparaison entre l'organisation sexuelle des crustacés mâles et celle de l'homme : comme lui, ils offrent deux organes sécréteurs de la liqueur fécondante, ou testicules, de même que les femelles de ces animaux et la femme offrent deux ovaires absolument destinés aux mêmes usages. Mais nous reviendrons sur ce sujet important.

Vers. — L'histoire de la génération des vers est fort obscure notamment de ceux dont la petitesse dérobe aux regards le jeu de leurs fonctions. Il en est cependant quelques-uns chez lesquels cette fonction a été observée d'une manière spéciale : ce sont les différentes espèces des lombrics, vulgairement vers de terre. Tous ces animaux sont hermaphrodites, c'est-à-dire qu'ils réunissent les deux sexes dans un même individu. Leurs organes mâles et femelles se trouvent réunis vers le milieu de leur corps, où il est très-facile de les observer. Quoi qu'il en soit, ils ne peuvent engendrer que par la réunion de deux individus; mais leur accouplement consiste plutôt dans des frottements et autres moyens d'excitations propres à réveiller la vitalité des organes régénérateurs internes que dans une véritable introduction de parties. Au reste ils pondent des œufs dans le sein de la terre, lesquels se développent à peu près comme ceux des insectes pour donner le jour à des petits qui ne subiront point de métamorphoses. Comme chez presque tous les animaux, l'accouplement ou plutôt la réunion des vers de terre n'a lieu qu'à la surface de la terre, où on les voit se porter en foule quand ils se trouvent poursuivis par le besoin de la reproduction.

Nous avons vu que les crustacés jouissent de la singulière faculté de réparer leurs membres un grand nombre de fois. Les vers de terre nous présentent quelque chose de plus remarquable encore : coupés en un très-grand nombre de parties, chacune de celles-ci se transforme en autant de lombrics parfaits.

Notons ici que bien que les vers lombrics réunissent dans l'intérieur de leur corps des organes mâles et femelles parfaits, ces animaux n'en sont pas moins nécessités d'exercer les uns sur les autres un frottement d'excitation propre à déterminer le jeu des parties mâles sur les ovaires. Nous verrons plus tard que, dans l'homme et un grand nombre d'autres animaux, les irritations de la peau produisent sur l'appareil sexuel des effets sympathiques parfaitement semblables.

Mollusques. — Les mollusques ou les animaux mous, d'où nous viennent les coquillages, peuvent se diviser en trois ordres par rapport à leur organisation et à leurs fonctions réproductives.

1° Il en est qui, comme les vers de terre, sont hermaphrodites, sans pouvoir pour cela se propager sans le secours d'un autre individu. Exemples : les limaçons, les colimaçons, les bulimes, les lymnés, les oplisies ou lièvres-de-mer, les oscabrions, les porcelaines, les patelles et tous les autres mollusques appartenant à l'ordre des *gastéropodes* (mot grec qui signifie marchant ou se traînant sur le ventre).

Il est très facile de prendre une idée de l'organisation sexuelle des limaces ou limaçons. Leurs organes mâles et femelles se trouvent à la fois réunis d'une manière bien distincte au fond du trou que ces animaux présentent au côté droit du cou. C'est par cette même ouverture que les excréments de l'animal sont rejetés au dehors, et qu'il pond ses œufs, lesquels, comme tout le monde le sait, sont déposés dans le sein de la terre , pour s'y développer à la manière de ceux des vers de terre.

2° Il en est d'autres qui, ayant les deux sexes séparés , s'accouplent et se reproduisent de la même manière que les insectes. Exemples : les poulpes , les colmars, les sèches , les argonautes, et tous les autres *cephalopodes* (mot grec employé pour désigner des animaux marchant ou se traînant par leur tête).

3° Enfin , il est des mollusques qui sont parfaitement hermaphrodites , c'est-à-dire réunissant les organes mâles et femelles dans le même individu , et se propageant sans le secours d'aucun accouplement. Exemples : les huîtres , les moules , les anatifs , ou pouce-pieds, les pélerines , les balanites , les pholades , les tarets, et tous les autres mollusques *acéphales* (mot grec qui signifie sans tête).

Nous verrons plus tard qu'il est des femmes et d'autres femelles de mammifères qui

sont , comme cet ordre de mollusques, susceptibles de donner le jour à des êtres vivans entièrement privés de tête.

Ainsi l'on voit que l'hermaphrodisme
parfait ne se rencontre que chez les animaux les plus mous , les plus faibles et les
moins en état de se rechercher pour se livrer à l'acte de la reproduction. Au contraire jamais une telle disposition ne s'observe chez les insectes, les reptiles, les
poissons, les oiseaux, les mammifères et
l'homme, êtres vivants doués d'une grande
dose de sensibilité nerveuse, d'une puissante énergie d'action, et toujours en
état de se rechercher activement pour se
livrer au penchant qui les porte à la reproduction. D'une autre part, admirons encore la sage prévoyance de la nature , qui
prit soin de ne point réunir les deux sexes
dans des individus dont la vive sensibilité
les eût infailliblement portés à en faire
l'usage le plus meurtrier pour la santé ,
pouvant par cette disposition faire jouer à

.haque moment de leur existence les instruments de leurs plaisirs et de leur perte.

CHAPITRE IV.

POISSONS.

Les poissons sont généralement *ovipares*, c'est-à-dire qu'ils secrètent des œufs qui, déposés dans la vase ou dans l'eau, éclosent et se transforment en des êtres vivants. Ce développement des œufs se fait spontanément sans le secours de la femelle, et les petits qui en résultent conservent toute leur vie les caractères organiques qu'ils offrent à leur naissance. Ainsi la femelle présente un ovaire à peu près comme dans les insectes.

L'on ne connaît pas d'espèce de poisson qui n'offre deux sexes séparés : le mâle et la femelle. L'un et l'autre offrent, comme les insectes , les parties génitales dans le ventre , lesquelles communiquent au dehors par l'anus, ou cette ouverture que ces animaux présentent sous le ventre plus ou moins près de la queue , ouverture qui fournit en même temps passage aux matières excrémenticielles. C'est par ce trou que le mâle fait sortir la portion creuse qui communique avec l'organe sécréteur de la liqueur prolifique pour en féconder la femelle , et que celle-ci reçoit l'approche du mâle. Cette liqueur est désignée sous le nom de laitance ou laite.

Cependant , tel n'est pas le seul mode de procréation chez les poissons. On pourrait même diviser ces animaux en trois classes, d'après les modifications que les espèces présentent dans l'exercice de cette fonction. Ainsi , il y en a chez lesquels les ovaires sont fécondés dans le sein de la mère par l'introduction des parties mâles dans le vagin , et l'émission interne de la liqueur spermatique , comme on l'observe dans un grand nombre de cartilagineux ; d'autres chez lesquels les œufs ne sont imprégnés de la semence du mâle qu'après qu'ils ont été déposés au dehors ; enfin, il en est même dont les œufs éclosent dans l'intérieur du corps pour en sortir tout vivants, comme dans la loche, l'anableps, le misgure, appelé poisson de vase ou baromètre vivant par les pêcheurs. Dans ces dernières espèces le membre du mâle ou verge est fort développé, et il y a un accouplement aussi parfait que chez l'homme et chez les autres mammifères.

Comme ceux des écrevisses, les œufs des poissons jouissent de la faculté de se transformer en êtres vivants, lors même qu'ils ont été desséchés hors de l'eau pourvu qu'on les replace dans ce liquide. L'on sait même que, mangés par les oiseaux, ils jouissent encore de la même faculté, lorsqu'ils n'ont pas été altérés par les organes et les liqueurs gastriques, et c'est ce que l'on observe tous les jours pour les œufs du brochet, qui sont fort durs.

Quoique la plupart des poissons vivent en général fort long-semps, et notamment la carpe, le barbeau, le goujon, la tanche, le cyprin doré des appartements, le brochet, etc., dont la vie dure de deux à trois cents ans, ils n'en offrent pas moins une fécondité étonnante. Ainsi, l'on compte cinquante mille œufs dans le ventre du hareng ; deux cent huit mille, dans celui des lépadoptères et des cycloptères ou lampes ; deux cent quatre-vingt mille, dans les perches ou persiques ; trois cent mille, dans les poliodons est les esturgeons ; trois cent quatre-vingt-trois mille, dans la tanche ; plus de six cent mille, dans la carpe ; près d'un million, dans le turbot, et trois millions quatre cent quarante-quatre mille, dans une morue. C'est ainsi que, par cette admirable fécondité, malgré la guerre opiniâtre que les insectes, les crustacés, les oiseaux, l'homme même , etc., livrent aux poissons , qui , de plus , se dévorent entre eux , la nature sait toujours pourvoir aux besoins de ses enfants.

Si l'on s'oppose au travail propagateur des poissons par la castration, ils acquièrent en peu de temps une chaire infiniment plus délicate et plus tendre. C'est ainsi que nous trouvons un aliment aussi succulent que délicieux dans les carpes, les brochets, etc., lorsque nous leur enlevons les ovaires et les laitances pour les engraisser dans nos viviers. La même chose s'observe dans les plantes, et nous verrons des changements analogues s'opérer dans les oiseaux, les mammifères et l'homme.

Ainsi, à mesure que nous avançons dans l'étude de la génération des animaux, nous acquérons des preuves frappantes que tous les êtres vivants sont régis par les mêmes lois, que la vie est une chez tous les sujets animés, que les phénomènes de l'existence ne diffèrent que par la

présence, l'absence ou la perfection de
certaines parties matérielles, et qu'à l'exception de cette faible raison, qu'il fait
presque toujours tourner à son détriment,
l'homme ne diffère pas essentiellement de
l'insecte parasite qu'il écrase et tue sans
pitié, lequel, cependant, quelque vil
qu'on le suppose, n'a pas des droits moins
incontestables à se nourrir de son sang,
ou plutôt des humeurs malsaines et putri-
trides qu'il offre à la surface de la peau ou
dans l'intérieur de ses entrailles, qu'il
n'en a lui-même à dévorer le cœur de l'innocent agneau qu'il égorge cruellement,
ou la tendre fauvette qu'il arrache d'un
plomb mortel à ses doux soins maternels

CHAPITRE V.

REPTILES, SERPENTS, etc,

Dans cette classe se présentent à nos étu

des les animaux les plus dangereux , ceux dont l'aspect nous inspire en même temps la frayeur , le dégoût, et souvent même une répugnance insurmontable. Quoi qu'il en soit, l'étude de leurs fonctions génératrices ne laissera pas de présenter à notre esprit les faits les plus curieux et les plus capables d'exciter au suprême degré notre admiration.

En égard à leur mode de reproduction, les reptiles (mot dérivé d'un verbe latin qui signifie *ramper*) peuvent se diviser en deux grandes classes , dont la première comprend tous ceux qui perpétuent leur espèce sans le secours de l'accouplement , les œufs étant fécondés par le mâle après que la femelle les a déposés au-dehors. Ce sont les *batraciens* (mot grec qui signifie grenouilles), ordre dans lequel on range les crapauds , le pipa , les grenouilles , les raines ou rainettes , les salamandres , etc

Dans la seconde classe figurent les reptiles qui ne peuvent se procréer que par l'accouplement, et qui ne subissent point de métamorphoses. Mais, vu les différen- ces d'organisation sexuelle et générale qu'un grand nombre de ces animaux com- pris dans cette classe présentent entre eux, l'on a cru devoir la partager en trois autres ordres.

Ainsi, il y en a qui sont privés de pa- tes et de nageoires, comme les serpents, les couleuvres, les vipères, etc. On les désigne sous le nom d'*ophidiens* (mot grec qui signifie ayant la forme de ser- pents).

D'autres qui joignent aux pattes un teste ou enveloppe coriace osseuse, dite ca- rapace, comme les chélonées, les émy- des et les tortues, etc. On les comprend dans l'ordre des chéloniens (mot grec qui signifie ayant la forme de tortues).

Enfin, parmi les reptiles qui s'accou- plent, il y en a qui offrent des pattes sans carapace, comme les crocodiles, les ba- silics, iguanes, les dragons, les caméléons , les lézards , etc. Ils sont rangés dans l'ordre des sauriens (mot grec qui signifie ressemblant aux lézards).

Avant d'examiner en particulier chacun de ces quatre ordres , disons quelques mots des reptiles en général.

Ainsi que nous l'avons dit des animaux vertébrés en général, les reptiles offrent les deux sexes distincts dans les individus. Les organes génitaux sont à peu près conformés comme dans les poissons, c'est-à-dire qu'il y a un ovaire pour préparer les œufs et que la même ouverture (cloaque) est commune aux parties sexuelles, aux excrémens , aux urines. Les œufs des femelles sont déposés dans un endroit convenable à leur développement; mais on ne connaît point d'espèce qui les couve.

Batraciens ou *reptiles qui trouvent leur type dans les grenouilles.* — Aucun de ces animaux ne s'accouple , et nous allons voir que la plupart subissent différentes métamorphoses avant de prendre l'état qu'ils doivent conserver toute leur vie. Les œufs ne sont fécondés par la laitance du mâle que quand ils sont pondus, c'est-à-dire que les parties les plus subtiles de la liqueur fécondante, ou *aura seminalis*, pénètrent dans l'intérieur des œufs déposés au-dehors, à travers leur enveloppe, laquelle, pour favoriser l'imprégnation, ne consiste jamais qu'en une petite membrane fort molle et fort flexible, et souvent même cette fécondation est favorisée par la réunion des œufs en une espèce de chapelet, dont le mâle aide la femelle à se débarrasser en se l'entortillant autour des pates et le tirant avec plus ou moins de force, ainsi qu'il est facile de le voir tous les jours chez les crapauds.

Ainsi que les insectes, les batraciens subissent des métamorphoses avant d'avoir acquis la forme qu'il doivent conserver toute leur vie. Les petits qui résultent des œufs, et que l'on connaît sous le nom de têtards, ne sont d'abord que des animaux fort imparfaits, de véritables larves, de véritables poissons. En effet, ils sont privés de poumons, et ne respirent que par les branchies, présentent une queue au lieu de pates, et sont même presque toujours entièrement aveugles. Leur corps présente en général la forme d'un gros ver arrondi, ou plutôt d'une véritable boule. Après s'être alimentés de leur nourriture naturelle, presque toujours de matières végétales, ils acquièrent un volume plus ou moins considérable, et qui les force à changer de peau, pour en revêtir une nouvelle. Alors leurs yeux se dessinent, les pates de derrière et de devant se développent successivement en même temps que la queue se détache du corps, la respiration pulmonaire fait suite à la bronchiale, et le reptile, ayant acquis toute sa perfection, ne s'occupe bientôt plus que de procréer de nouveaux êtres.

Ce mode de développement des grenouilles, des crapauds, etc., présente pourtant beaucoup d'analogie avec celui de l'homme, lequel, comme l'on sait, ne respire d'abord dans le sein de sa mère que par le placenta, qui est en réalité les branchies des batraciens sous bien des rapports, et qui vit en véritable poisson l'espace de neuf mois. Singulier rapprochement entre l'homme et les animaux dont l'aspect seul semble inspirer le dégoût à tous les autres êtres vivans !!

C'est toujours au moment où la femelle des crapauds pond ses œufs que le mâle les féconde de sa laitance, et même il aide celle-ci dans l'exercice de cette fonction d'une manière souvent bien singulière. Ainsi, dans le plus grand nombre des espèces il roule le chapelet autour de ses pattes et extrait ainsi les œufs au-dehors, pour les placer dans des circonstances convenables à leur développement et à la nourriture des têtards.

C'est ordinairement au printemps que les crapauds célèbrent leurs amours, et ils nous en avertissent presque toujours par leurs sons flûtés. La tendresse de ces animaux pour leurs petits est bien en rapport avec la faiblesse qu'ils doivent apporter en naissant. Ainsi, tantôt l'on voit le mâle déposer lui-même les œufs sur le dos de la femelle, dans la peau de laquelle ils doivent se développer, et tantôt on le voit (ceci s'observe dans l'espèce dite l'accoucheur) les porter sur son propre dos jusqu'à leur entier développement, la présence de ces œufs faisant naître dans l'enveloppe cutanée des tumeurs ou grosses veines, dans l'intérieur desquelles ils sont conservés un temps plus ou moins long, selon les espèces.

Les grenouilles et les raines pondent et fécondent toutes leurs œufs dans l'eau, où ces animaux nagent parfaitement. L'on parle d'une espèce de grenouille de Surinam dont le têtard est presque aussi gros qu'elle. C'est la Paradoxale.

Les salamandres pondent toutes sans le

secours du mâle. Il suffit, pour que leurs œufs soient fécondés, que celui-ci dépose la liqueur régénératrice dans le liquide où ils ont été pondus. C'est, comme l'on voit, un cas fort analogue à celui de plusieurs femmes qui se sont prétendues enceintes seulement pour s'être baignées dans la même eau où un homme avait déposé une dose plus ou moins considérable de liqueur spermatique. Nous reviendrons plus tard sur ce sujet.

Les œufs des salamandres peuvent être fécondés artificiellement, c'est-à-dire en répandant la laitance du mâle à leur surface. L'on sait que, dans la classe des mammifères, l'on parvient aussi à féconder certaines femelles, et notamment la chienne, en leur injectant dans le vagin de la liqueur spermatique fraîche et chaude, à l'aide d'une seringue. Serait-il vrai qu'une telle expérience pût réussir chez la femme, ainsi que l'ont prétendu plusieurs auteurs distingués? Nous agiterons cette question plus loin.

Les œufs de la salamandre se transforment ordinairement en têtards dans l'espace de huit ou dix jours, et ce n'est guère que quatre mois après, que ceux-ci passent à l'état de reptiles parfaits. Il y a beaucoup plus de variations à cet égard dans les différentes espèces de crapauds. Mais tout ces détails seraient peu utiles au but que nous nous proposons dans cet ouvrage.

Il nous reste une observation bien remarquable à faire sur la reproduction des salamandres, c'est que, quoiqu'elles offrent une organisation presque aussi parfaite que les mammifères et l'homme, ces animaux n'en jouissent pas moins de la faculté de réparer, et un grand nombre de fois successivement, leurs quatre membres, leurs yeux, et jusqu'à plusieurs vertèbres, lorsqu'ils s'en trouvent privés par quelque accident ou quelques expériences de la part de l'homme. Une chose plus remarquable encore, c'est qu'après avoir été ainsi horriblement mutilés, ils n'en récupèrent pas moins la faculté d'exercer toutes leurs fonctions avec tout autant de perfection que si leur corps n'avait jamais reçu aucune atteinte.

2° OPHIDIENS ou serpents. — Les ophidiens se propagent tous par un véritable accouplement. L'anus, ou cette ouverture que l'on rencontre sous leur ventre plus ou moins près de la queue, est commune aux matières excrémentitielles, au prolongement de l'ovaire de la femelle, à la ponte des œufs, au *pénis* ou verge du mâle, et sert aussi conséquemment à l'accouplement.

Quoique les serpens soient presque tous ovipares, l'on en rencontre quelques-uns qui mettent au monde des petits tout vivans : telles sont quelques espèces de couleuvres et la vipère. L'amour de ces animaux pour leur progéniture n'est pas moins remarquable que dans les batraciens, les insectes, les oiseaux, et que dans l'homme même, quelque horreur qu'ils nous inspirent

Tous prennent soin de leurs petits jusqu'à ce qu'ils aient acquis assez de force pour pourvoir eux-mêmes à leur sûreté. Dès que leur vie se trouve menacée, ils les défendent, jusqu'à la mort, de leurs dents et de leur venin mortel, lorsque la nature n'a pas privé ces êtres nus et rampans de ce moyen d'attaque et de défense. On en voit même beaucoup qui, avant de commencer ce combat opiniâtre, engloutissent les petits dans leur gosier, pour les déposer ensuite sains et saufs dans un lieu de sûreté, lorsque tout danger a disparu. Or, je le demande, quelle est la femme qui porte plus loin la tendresse maternelle? En trouverait-on même une sur cent qui la portât si loin? Et ne trouvons-nous pas au contraire cent citadines contre une seule qui abandonnent le fruit de leurs amours à une nourrice mercenaire, par la seule crainte d'altérer la beauté de leur sein en allaitant elles-mêmes leurs enfans?

C'est ordinairement au printemps que

les ophidiens, comme les batraciens, pondent leurs œufs, après s'être dépouillés de leur peau, qui, comme l'on sait, se retourne chaque année comme un gant, et se renouvelle ainsi complètement, sans en excepter l'épiderme qui recouvre leurs yeux.

3° CHÉLONIENS, ou tortues. — Comme chez les ophidiens, l'accouplement doit être parfait dans ce second ordre de reptiles pour qu'ils puissent engendrer. On n'en connaît pas qui mettent au monde des petits tout vivans, et ceux-ci résultent toujours de la fécondation des ovaires par l'introduction du pénis du mâle dans la matrice ou plutôt le cloaque de la femelle, réunion qui dure souvent trois ou quatre jours. Leurs œufs, recouverts d'une coquille fort dure, et non d'une simple membrane coriace comme dans les serpens, sont déposés dans le sable, où ils éclosent sans l'incubation de la femelle.

4° SAURIENS, ou lézards. — Les sauriens,

dont le mode de procréation est à peu près le même que chez les chéloniens, s'accouplent et pondent leurs œufs dans la terre ou le sable, où ils se développent aussi sans être couvés.

La queue du lézard jouit de la singulière propriété de se régénérer quand elle a été détruite par quelque accident, et même on en voit assez souvent paraître deux difformes au lieu d'une.

L'on a quelquefois vu des lézards à deux têtes, sorte de monstruosité que nous observerons aussi dans l'espèce humaine.

CHAPITRE VI.

OISEAUX.

Si on en excepte les industrieux insectes, il n'est point de classes d'animaux qui soit de nature à piquer plus vivement notre curiosité et à mieux nous éclairer sur le mécanisme de la génération de l'homme et des mammifères que les oiseaux envisagés dans les actes de leur reproduction. Ici, tout semble concourir à faire accorder à cette étude une attention plus grande qu'à celle de tous les êtres animés que nous avons examinés jusqu'à présent : ce sont des animaux que nous avons admis dans notre société et dont quelques favoris prennent même leur nourriture à notre propre table; nous trouvons dans leurs œufs et leur chair un aliment aussi sain que délicieux; la beauté de leur plumage, leur gaîté, leur vivacité naturelle et surtout leurs chants mélodieux, bannissent nos chagrins et font naître dans l'âme les sentimens les plus gais et les plus tendres; la nuit, nos membres se délassent sur leurs plumes et leur duvet; l'ardeur de leurs amours se manifeste à nos yeux à chaque instant du jour; l'art admirable avec lequel ils savent préparer leurs nids et les soins vraiment paternels qu'ils prennent de leur progéniture deviennent continuellement pour nous les leçons de la plus pure morale ; et le développement de l'œuf offre la plus parfaite analogie avec celui dont l'homme émane ; etc. , etc.

Les oiseaux sont tous indistinctement ovipares, et il n'en est aucun qui mette au monde des individus vivans. Cette poche ou plutôt ce cloaque que nous avons vu terminer le tube intestinal chez les poissons et les reptiles se montre à peu près le même chez les oiseaux, et il vient se terminer par une ouverture située à l'extrémité inférieure du tronc, sous la queue, laquelle donne en même temps passage aux matières fécales, aux urines, aux œufs ou à la liqueur spermatique, selon le sexe ; en un mot, l'on rencontre ici à peu près la même organisation sexuelle que dans les individus des deux classes précédentes.

Les rudimens des œufs existent toujours

dans les ovaires sans le secours de l'accouplement. Les femelles les pondent même
sans l'influence de la liqueur spermatique;
mais alors, comme on le pense bien, ils sont
tout-à-fait impropres à la reproduction. Jamais ils ne sont fécondés hors le sein de la
femelle ; mais ils sont susceptibles de l'être,
lors même qu'ils se trouvent entièrement
formés dans le cloaque , par la pénétration
de la *liqueur* ou de l'*aura seminalis* du
mâle à travers les pores de la coquille et
des membranes de l'œuf.

A l'exception des œufs de quelques oiseaux des pays chauds et où la chaleur ha-
bituelle de l'atmosphère suffit pour faire
éclore les œufs , ainsi qu'on le voit dans
ceux de l'autruche et de quelques autres oiseaux, ils ont besoin d'être couvés pour produire des petits, ou plutôt d'une température de trente-sept à trente-huit degrés
(thermomètre centigrade), soit naturelle,
c'est-à-dire communiquée par l'incubation
des poules , soit artificielle, ou celle résultant

d'un four, ou de toute autre chose élevée à la température que nous venons de faire connaître.

Le plus grand nombre des oiseaux naissent faibles et aveugles, et ne pourraient conséquemment pourvoir à leur subsistance sans le secours des parens. Aussi ceux-ci se réunissent-ils par paire, tant pour les couver que pour élever les petits dans leur nid jusqu'à ce qu'ils puissent prendre leur essor dans les airs et pourvoir eux mêmes à leurs besoins, après quoi ils sont chassés impitoyablement par le père et la mère, comme pouvant se passer de leur secours, ainsi que nous le voyons chez la plupart des oiseaux de passage, de proie, etc.

Il est un certain nombre d'espèces chez lesquelles les petits peuvent marcher en sortant de l'œuf et rechercher ainsi les alimens nécessaires à leur subsistance, comme les poules, les perdrix, les cailles, les canards, les dindons, les échasses, les hérons, les cigognes, etc., etc. Ces oiseaux ne se re-

produisent point par paires : le mâle a
ordinairement plusieurs femelles; la mère
seule couve les œufs et se charge de diriger
les premiers pas des petits dans la carrière
de la vie.

Avant de poursuivre nos recherches sur
la génération des oiseaux, laquelle présente
beaucoup de modifications importantes dans
les diverses familles et espèces , nous devons
préliminairement indiquer la classification
que les naturalistes ont adoptée pour pouvoir reconnaître et décrire les nombreux
individus dont cette classe d'animaux se
compose. Ils les rangent en six ordres , d'a-
près les différences de la conformation de
leurs pieds, laquelle nous fait presque toujours aisément pressentir les endroits où ils
vivent, la manière dont ils marchent, et,
conséquemment, une grande partie de leurs
mœurs.

Les oiseaux dont les pattes sont courtes
et les doigts réunis entre eux par une large
membrane, comme le canard , l'oie , le cy-

gne, les hirondelles de mer, les grèbes, sont rangés dans l'ordre des Nageurs ou Palmipèdes. — Chez ces oiseaux, il y a presque toujours un seul mâle pour plusieurs femelles, lesquelles couvent seules les œufs qu'elles pondent. Le mâle ne se charge pas plus de l'éducation des petits que de couver les œufs : l'on sait, en effet, qu'ils courent dès l'instant de leur naissance et peuvent ainsi se procurer d'eux-mêmes les alimens nécessaires à leur subsistance.

Ceux qui offrent quatre doigts parfaitement libres, dont trois en avant et un en arrière, terminés en serres ou ongles crochus, comme l'aigle, le vautour, le faucon, la chouette, l'épervier, etc., appartiennent à l'ordre des ACCIPITRES, autrement dit RAPACES OU OISEAUX DE PROIE. Comme les petits de ces animaux naissent faibles et aveugles, le mâle se réunit à la femelle pour veiller à leur éducation, et il les nourrissent en commun jusqu'à ce qu'ils puissent prendre leur vol. La femelle, étant presque toujours plus grosse que le mâle, couve seule les œufs ; mais celui-ci a soin de la fournir d'alimens dans son nid pendant le temps de l'incubation. Ces animaux ne pondent ordinairement que d'un à trois œufs.

Quand les oiseaux offrent deux doigts en avant et deux en arrière, de manière à représenter une sorte de pince qui leur sert à grimper sur les plans verticaux et inclinés, comme les perroquets, les toucans, les barbus, les coucous, etc., ils appartiennent à l'ordre des grimpeurs. Il y a beaucoup de différence dans les actes de la reproduction des espèces de cet ordre; cependant elle est en général fort analogue à celle des passereaux. L'on sait que, dans les coucous, la femelle étant trop maigre pour pouvoir couver ses œufs, les dépose dans les nids de différens passereaux, comme du rossignol, de la fauvette, du rouge-gorge, de la bergeronnette, etc., lesquels les couvent et élèvent les petits qui en proviennent, absolument comme leur propre progéniture.

Les oiseaux qui offrent les doigts externes réunis par une courte membrane, les tarses courts et faibles, les jambes couvertent de plumes jusqu'au haut de ceux-ci, le bec presque droit, comme les merles, les corbeaux, les pies, les geais, les oiseaux-de-paradis, les moineaux, les gros-becs, les étourneaux, les loriots, les mésanges, les allouettes, le rossignol, les fauvettes, les bergeronnettes, les hoches-queues, le matteux, le tarier, le rouge-gorge, le roitelet, les hirondelles, les guêpiers, etc., sont groupés dans l'ordre des passereaux, ainsi appelés parce que la plupart sont des oiseaux de passage, c'est-à-dire qu'ils émigrent au retour de l'hiver ou de l'été pour aller chercher un climat plus analogue à la nature de leur organisation, et revenir ensuite dans le pays qui les a vus naître. En général, les femelles des nombreux ordres des passereaux sont plus petites que les mâles, et sont loin de les égaler du côté de la beauté du plumage et de l'attitude. Les petits naissent faibles et aveugles ; ils vivent par paires et se chargent en commun de l'incubation et de l'éducation de la famille. Le mâle ne couve ordinairement que de midi à trois heures, temps pendant lequel la femelle va à la recherche de sa nourriture.

Les oiseaux chez lesquels les tarses sont très élevés et entièrement nus jusqu'à la jambe, les doigts externes réunis à la base, comme les flamands, les hérons, les cigognes, les grues, les jaconas, les foulques ou poules-d'eau, l'huîtrier, les râles, les bécasses, les pluviers, les vanneaux, etc., constituent l'ordre des échassiers. Quoique ces oiseaux puissent être qualifiés d'aquatiques, ils pondent tous leurs œufs sur la terre. Les petits qui en résultent marchant dès leur naissance, les échassiers ne vivent jamais par paires ; la femelle couve seule, comme nous l'avons déjà dit, et se charge de con—

duire les petits dans les premiers temps qui suivent leur naissance.

Enfin, les oiseaux qui présentent une courte membrane réunissant en partie seulement tous les doigts du devant, comme les pigeons, les paons, les dindons, les outardes, les faisans, les perdrix, les cailles, les pintades, les poules, les autruches, les casoars, etc. , composent l'ordre des gallinacés (poules). Dans presque toutes les espèces des gallinacées, les petits peuvent marcher en naissant : aussi ne vivent-ils point par paires.

Nous trouvons dans les pigeons une exception frappante à cette règle générale : les petits naissant très faibles et aveugles, ces oiseaux ne manquent jamais de se reproduire par paires, à l'effet de couver les œufs chacun à leur tour et de procurer à leurs petits les alimens nécessaires à leur accroissement. Ils déposent la nourriture dans le gosier de leurs pigeonneaux, après l'avoir réduite en une espèce de chyme d'autant plus léger que ceux-ci sont moins éloignés du terme de leur naissance. Ils pondent ordinairement deux œufs, d'où résultent un mâle et une femelle, qui s'accouplent presque toujours. Il faut six mois aux pigeons pour avoir acquis tout le degré de force nécessaire (comme chez la plupart des oiseaux) à la reproduction, et le nombre des pontes varie de cinq à dix par année, selon le climat, la nourriture, etc.

Chacun sait que le coq est le plus célèbre polygame que nous offre la classe volatile : un seul suffit à plus de vingt poules, et il ne manque jamais de satisfaire les besoins amoureux de toutes. Jamais il ne prend la moindre apparence de soin des œufs ni des petits, qui sont confiés à la tendresse maternelle de la femelle seule. Nous verrons, en parlant de la polygamie chez l'homme, quelles conséquences dérivent de celle d'un certain nombre d'oiseaux et autres animaux. Nous parlerons aussi plus tard de la castration du coq pour en obtenir un chapon tendre et gras, relativement aux changemens remarquables que cette opération produit dans l'homme et chez les animaux.

Lorsque les oiseaux ont acquis le degré de force nécessaire pour se livrer à la reproduction, ce qui arrive en général de cinq à huit mois après leur naissance, ils se recherchent mutuellement pour l'accomplissement de cette fonction.

C'est quand les douceurs du printemps ont fait place aux rigueurs de l'hiver que se célèbrent leurs amours. Alors tous semblent animés d'une nouvelle vie. Leurs mouvemens sont plus actifs; ils voltigent sans cesse de branche en branche ou parcourent la surface de la terre avec une rapidité qui ne peut laisser aucun doute sur le besoin qui les poursuit; leurs chants deviennent et plus fréquents et plus sonores; ils semblent se complaire à étaler avec coquetterie le brillant de leur plumage, et le véritable observateur découvre alors en eux des beautés et des grâces dont le vulgaire et les âmes froides ne sauraient se former la moindre idée; le mâle porte successivement ses regards sur une foule de femelles, et semble quelque temps incertain sur le choix qu'il doit faire. Celles-ci, à leur tour, quoique poursuivies par un penchant non moins pressant, semblent éviter les regards de leurs adorateurs, paraissent dédaigneuses, et se parent de cette apparence de pudeur que la nature plaça dans presque toutes les femelles des animaux pour aiguillonner les désirs du sexe mâle, et déterminer ainsi la sécrétion d'une liqueur plus abondante, plus élaborée, et conséquemment plus propre à la reproduction.

Après un temps plus ou moins long d'incertitude et d'agitation, le mâle rencontre enfin une femelle pour laquelle il sympathise et qui partage les mêmes feux qui le dévorent. Son premier mouvement est de se précipiter avec impétuosité vers elle : néanmoins, comme s'il était épouvanté de

ra grandeur de son entreprise, ou le voit
tempérer son ardeur, s'en approcher comme
en tremblant, reculer, revenir ensuite, et
enfin lui prodiguer toutes les preuves de
l'ardeur qu'il ressent pour elle. Celle-ci, ne
manquant jamais de se parer de toutes les
apparences de l'attrayante pudeur, repousse
d'abord ses poursuites, s'envole à de grandes distances du lieu où commencèrent leurs
amours, puis à de plus courtes distances, se
laisse ensuite atteindre, combat, cède enfin
à la force et à la persévérance de celui qui
l'avait déjà subjuguée. Admirable prévoyance de la nature, qui, pour donner
plus de perfection aux principes fécondans
des mâles, chez lesquels l'érection n'est,
comme on le sait, qu'accidentelle et passa-
gère, plaça dans presque toutes les femelles
des animaux cette apparence de pudeur et
de résistance, si propre à déterminer l'orgasme vénérien, à élaborer les fluides séminaux, et à conduire ainsi d'une manière si
puissante à la procréation de nouveaux

êtres aussi vigoureusement organisés que possible.

A peine la femelle a cédé aux instances du mâle, que tous deux, loin de folâtrer dans des plaisirs sans but, ne pensent plus qu'à se choisir une retraite assurée pour y déposer les fruits qui vont résulter de leurs amours. Toutes leurs sollicitudes tendent alors à la fabrication d'un nid commode pour leur progéniture, et en même temps à l'abri de l'atteinte de leurs ennemis, ainsi que de l'intempérie de l'atmosphère. Le choix du lieu où ils le placent et l'art avec lequel ils le composent ne sont point pour nous des objets non moins admirables que les curieux débuts de leur accouplement et de leurs amours. Tous savent choisir l'endroit le plus convenable à l'état particulier de leurs petits naissans, et emploient toujours pour construire cette retraite les mêmes matériaux et les plus appropriés au même but. C'est surtout dans cet admirable instinct que nous avons lieu de nous extasier à la vue de la haute sagesse de l'ordonnateur de l'univers

Ainsi, vous voyez les habitans des airs trouver une retraite sûre pour leurs petits au sommet des plus grands arbres, comme le corbeau, la pie, les oiseaux de paradis, l'aigle, etc. ; dans des buissons inaccessibles, comme les linottes, etc. ; dans les cheminées, comme les hirondelles ; dans des trous de bâtimens ou de vieux troncs d'arbres, qu'ils creusent eux-mêmes avec le bec, comme les perroquets ; à l'extrémité des branches, où ils sont suspendus de manière à ne pouvoir être atteints d'aucun autre animal, comme les loriots ou troupiales ; dans l'intérieur même de la terre, où ils se creusent des terriers, comme le guêpier, le huppe ou putput, etc. ; dans le sable, comme les autruches, etc. ; sous les pierres, comme le moteux, le tarier, etc. ; dans les falaises ou sur les rochers les plus escarpés, comme l'oie du nord, le cormoran, etc., etc.

Quant à l'art avec lequel les oiseaux construisent leur nid, il est souvent d'une perfection que l'homme le plus habile ne saurait imiter. Chez les uns, l'entrée en est interdite par des épines qu'ils placent au pourtour du petit trou par lequel ils y pénètrent, comme dans les pics, etc.; chez les autres, ils représentent une sorte de maçonnerie composée de main-d'œuvre, comme dans les hirondelles, etc., etc. Les matières avec lesquelles ils le composent nous donnent aussi lieu d'admirer leur inconcevable prévoyance: les uns dérobent aux animaux mammifères une partie de leur toison pour en construire un lit doux et mollet à leurs petits, comme les linottes, etc., les autres poussent l'amour maternel jusqu'à s'arracher le duvet de dessous le ventre pour faire reposer mollement leur famille, comme l'oie du nord, etc., etc.

Ce n'est en général que quand les oiseaux sont parvenus à trouver une retraite sûre pour y déposer et couver leurs œufs qu'ils commencent à se procurer les douceurs de l'amour. Jusque là, ils semblent mépriser des jouissances qui seraient sans résultat pour le renouvellement des espèces, et qui n'auraient pour but que des sensations stériles ; de même qu'ils en font l'abandon dès l'instant où ils ont pondu le nombre ordinaire d'œufs, pour se consacrer tout entiers au développement et à l'éducation de leur progéniture. Leçon pleine d'intérêt donnée par les animaux aux femelles de l'espèce humaine, lesquelles, malgré leur état de grossesse et l'allaitement, n'en continuent pas moins de se livrer à des plaisirs qui ne peuvent en général que devenir des plus funestes à l'être vivant qu'elles portent dans leurs entrailles ou qu'elles nourrissent de leur sein !

En revanche, les oiseaux ne laissent point échapper un seul instant de se livrer à leurs amours avant cette époque. Nulle classe d'animaux, sans en excepter même cet être moral qui semble surpasser tous les autres en sensibilité, ne nous fournit des exemples d'une si grande ardeur.

Quoi de plus curieux que d'examiner le pigeon roucoulant ardemment autour de sa femelle, épanouir gracieusement les ailes et la queue, se grossissant fortement la gorge, et portant sur elle les yeux les plus étincelans, en un mot, offrant tous les symptômes d'une excitation amoureuse que nulle expression ne saurait rendre! Considérez comme celle-ci, après une feinte résistance, se prête à l'ardeur qui le consume. Admirez leurs étroits embrassemens par les parties internes du bec, et l'impression singulière qu'ils en ressentent. Enfin, voyez le vol subit de réjouissance qui suit l'accomplissement de la copulation, si différente de l'affaissement que l'on remarque habituellement dans l'espèce humaine, par suite du peu de modération que presque tous les hommes apportent dans l'usage de jouissances qui ne devraient avoir d'autre but que la propagation de l'espèce!

Quoi de plus curieux que les tendres gémissemens de la tourterelle, et que les sifflemens amoureux du merle, dans le temps de la reproduction ! Combien l'oreille n'est-elle point agréablement flattée par les chants mélodieux et de volupté à l'aide desquels le rossignol sait enchanter la femelle qu'il poursuit !

Qui n'eût jamais occasion d'être frappé d'étonnement à la vue de l'enivrement amoureux qu'éprouve dans de semblables circonstances cet oiseau de basse-cour qui nous fut importé des Indes? Il demeure des heures entières dans une espèce d'extase et de ravissement devant la femelle qui sut le charmer. Les ailes sont traînantes et la queue étalée en roue ; les caroncules se gorgent de sang au point de devenir violettes ; la gorge s'enfle également et devient écarlate : tout le reste de son corps offre des frissonnemens et des trémoussemens les plus singuliers ; en même temps que la femelle, animée par un tel déploie-

ment de feu, s'apprête à recevoir ses caresses avec une ardeur non moins grande.

Écoutons le célèbre Thomson nous chanter avec tant de verve les amours des habitans de l'air dans son immortel ouvrage sur
les *saisons*, traduit si élégamment par M. De-
leuse : « Mon sujet s'élève au-dessus du rè-
» gne végétal. Muse, prends un essor plus
» hardi ; les hôtes des forêts t'appellent et
» t'invitent à paraître dans tes plus rians
» atours. Rossignols, prêtez-moi votre
» voix ; répandez sur mes vers votre mélo-
» die ravissante.....

» Lorsque le premier souffle de l'amour,
» se répandant dans la nature, échauffe l'air
» et pénètre le cœur, les oiseaux renaissent
» à la joie ; ils éprouvent le désir de plaire :
» leur plumage s'embellit. Gazouillant d'a-
» bord faiblement, ils essaient leur chan-
» son long-temps oubliée : bientôt le senti-
» ment délicieux qui les agite domine leur
» être. Alors, animés d'une vie nouvelle,
» ils unissent leur voix, et célèbrent leur

» bonheur par une musique continue......

» L'amour seul inspire ces accords en-
» chanteurs, et toute cette musique est la
» voix de l'amour. C'est lui qui enseigne
» aux oiseaux l'art de plaire; c'est d'après
» ses leçons que chacun d'eux invente mille
» moyens de toucher sa maîtresse, et qu'en
» lui faisant la cour, il semble verser son
» âme auprès d'elle. Vous les voyez d'a-
» bord se tenir à une distance respectueuse
» de la belle qui les a charmés, et, volti-
» geant autour d'elle, employer toutes les
» ressources de la galanterie pour obtenir
» un coup d'œil favorable. La coquette
» feint de l'indifférence. Elle les regarde
» furtivement et jouit en secret de leurs
» soins. Semble-t-elle un moment agréer
» leur hommage, leur couleur devient plus
» vive; animés par l'espérance, ils s'avan-
» cent avec transport. Elle les repousse en-
» core; ils s'éloignent déconcertés; mais
» bientôt ils s'approchent de nouveau, ils
» font la roue, ils déploient la richesse de

» leur parure, et toutes leurs plumes fré-
» missent de désir.

» L'hymen réunit enfin les deux amans.
» Ils se hâtent de gagner le fond des bois.
» Guidés par l'instinct, ils vont chercher un
» asyle favorable à leurs plaisirs, à leur
» nourriture et à leur sûreté : la nature,
» pour les faire obéir à ses lois éternelles,
» ne leur donne aucune sensation qui n'ait
» son objet.... Sur le toit qni couronne la
» maison champêtre, des troupes de pi-
» geons font entendre leurs roucoulemens
» amoureux ; ils s'approchent, s'agacent,
» se fuient tour à tour, et leur cou, tour-
» nant avec grâce, s'embellit de mille nuan-
» ces passagères... Le coq d'Indre fait bril-
» ler sa gorge de rubis aux yeux de sa
» femelle, tandis que le paon étale aux yeux
» de la sienne la magnificence de son plu-
» mage, et s'en approche rayonnant de
» majesté. »

Ainsi que nous l'avons dit, la femelle fécondée, et possédant un endroit convena-

ble pour la sûreté de sa famille, ne songe plus qu'à y déposer ses œufs à l'effet de les couver et de les faire éclore. « La femelle » se place dans le nid ; elle y pond ses » œufs, et dès-lors, elle y reste assidûment. » Ni l'aiguillon de la faim, ni les délices » du printemps qui fleurit à l'entour, ne » peuvent l'arracher aux soins maternels. » Son époux, animé d'une douce sympa- » thie, se place vis-à-vis d'elle sur une bran- » che, et chante sans cesse pour la préserver » de l'ennui. »

Les œufs, alors, commencent presque immédiatement à offrir des mutations successives, des phénomènes de développement qu'il est infiniment curieux et instructif de connaître. Mais nous devons, avant de les exposer, donner un aperçu des parties constituantes de l'œuf, sans quoi il serait impossible d'en concevoir la transformation en un nouvel être vivant.

Les œufs offrent à peu près la même composition chez tous les oiseaux. En procé-

dant de l'extérieur à l'intérieur, l'on aperçoit d'abord une écaille calcaire désignée
sous le nom de coquille. Elle présente dans
son épaisseur un nombre considérable de
très-petits pores, à travers lesquels l'air peut
trouver accès pour aller animer le petit qui
s'y forme.

La face interne de la coquille est tapissée
d'une membrane très-dure, et adhérant
plus ou moins fortement à celle-ci. Les oiseaux font quelquefois des hardées, c'est-
à-dire des œufs sans coquilles, et n'offrant
que la membrane coriace dont nous venons
de parler. La raison de cette espèce de monstruosité est, que les œufs ne sont pas
restés assez long-temps dans le cloaque de
la femelle pour qu'ils aient pu se revêtir de
la couche calcaire, et ils ne diffèrent nullement des autres quant à leur composition
interne et leurs qualités nutritives.

Dans cette seconde partie de l'œuf, c'est-
à-dire à la face interne de cette membrane,
nage un liquide plus ou moins visqueux et

plus ou moins transparent. C'est l'*albumine*, ou ce qu'on appelle vulgairement la glaire, le blanc d'œuf.

Au centre de cette humeur visqueuse nage une boule jaune, laquelle offre à considérer : 1º la vitelline, ou membrane qui la circonscrit ; 2º la matière jaune, huileuse qu'elle renferme ; 3º deux cordons blanchâtres, dits chalazes, lesquels traversent le blanc pour se joindre au jaune, à la surface duquel ils se terminent en une sorte de cicatrice que l'on désigne sous le nom de germe ou d'embryon , espèce de tubercule gélatineux, blanchâtre et fort léger, lequel occupe toujours le point le plus élevé de l'œuf pendant l'incubation.

Nous ne saurions mieux donner une idée claire de la transformation de l'œuf en petit qu'en citant textuellement la manière dont Buffon nous rend compte des observations faite par Harvey sur celui de la poule, en notant qu'à l'exception du temps que les œufs des différentes espèces d'oiseaux de-

mandent pour éclore, elle est absolument
la même chez tous les autres : « La partie de
» l'œuf qui est fécondée est très petite : c'est
» un petit cercle blanc (germe ou embryon)
» qui est sur la membrane du jaune, qui y
» forme une petite tache semblable à une
» cicatrice de la grandeur d'une lentille
» environ ; c'est dans ce petit endroit que se
» fait la fécondation ; c'est là où le poulet
» doit naître et croître ; toutes les autres
» parties de l'œuf ne sont faites que pour
» celle-ci.

» Dès que l'œuf reçoit un degré de cha-
» leur convenable, soit par la poule qui
» couve, soit par le moyen du fumier ou
» d'un four, on voit bientôt cette petite ta-
» che s'augmenter et se dilater à peu près
» comme la prunelle de l'œil. Voilà le pre-
» mier changement qui s'opère après quel-
» ques heures de chaleur ou d'incubation.

» Lorsque l'œuf a été échauffé pendant
» vingt-quatre heures, le jaune, qui aupa-
» ravant était au centre du blanc, monte

» vers la cavité qui est au gros bout de
» l'œuf; la chaleur faisant évaporer à tra-
» vers la coquille la partie la plus liquide
» du blanc, cette cavité du gros bout de-
» vient plus grande, et la partie la plus pe-
» sante du blanc tombe dans la cavité du
» petit bout de l'œuf; la cicatricule ou la
» tache qui est au milieu de la membrane
» du jaune s'élève avec le jaune, et s'appli-
» que à la membrane de la cavité du gros
» bout; cette tache est alors de la grandeur
» d'un petit pois, et on y distingue un
» point blanc dans le milieu et plusieurs
» cercles concentriques dont ce point paraît
» être le centre.

» Au bout de deux jours ces cercles sont
» visibles et plus grands, et la tache paraît
» divisée concentriquement par ces cercles
» en deux et quelquefois trois parties de
» différentes couleurs; il y a aussi un peu
» de protubérance à l'extérieur, et elle a à
» peu près la figure d'un petit œil dans la
» pupille duquel il y aurait un point blanc

» ou une petite cataracte. Entre ces cercles
» est contenue, par une membrane très
» délicate, une liqueur plus claire que le
» cristal, qui paraît être une partie dépo-
» sée du blanc de l'œuf, la tache, qui est
» devenue une bulle, paraît alors comme
» si elle était placée plus dans le blanc que
» dans la membrane du jaune,

» Pendant le troisième jour, cette liqueur
» transparente et cristalline augmente à
» l'intérieur, aussi bien que la petite mem-
» brane qui l'environne.

» Le quatrième jour, on voit à la circon-
» férence de la bulle une petite ligne de
» sang couleur de pourpre; et, à peu de
» distance du centre de la bulle, on aper-
» çoit un point, aussi couleur de sang, qui
» bat. Il paraît comme une petite étincelle
» à chaque diastole, et disparaît à chaque
» systole. De ce point animé partent deux
» petits vaisseaux sanguins qui vont abou-
» tir à la membrane qui enveloppe la li-
» queur cristalline; ces petits vaisseaux

» jettent des rameaux dans cette liqueur
» et ces petits rameaux sanguins partent
» tous du même endroit, à peu près comme
» les racines d'un arbre partent du tronc.
» C'est dans l'angle que ces racines forment
» avec le tronc et dans le milieu de la li-
» queur qu'est le point animé.

» Vers la fin du quatrième jour, ou au
» commencement du cinquième, le point
» animé est déjà augmenté de façon qu'il
» paraît être devenu une petite vésicule
» remplie de sang, et il pousse et tire alter-
» nativement ce sang ; et dès le même jour
» on voit très distinctement cette vésicule
» se partager en deux parties qui forment
» comme deux vésicules, lesquelles alter-
» nativement poussent chacune le sang et
» se dilatent, et de même alternativement
» elles repoussent le sang et se contractent ;
» on voit alors autour du vaisseau sanguin,
» le plus court des deux dont nous avons
» parlé, une espèce de nuage qui, quoique
» transparent, rend plus obscure la vue de

» ce vaisseau. D'heure en heure, ce nuage
» s'épaissit, s'attache à la racine du vaisseau
» sanguin; et paraît comme un petit globe
» qui pend de ce vaisseau. Ce petit globe
» s'allonge et paraît partagé en trois par-
» ties, l'une est orbiculaire et plus grande
» que les deux autres, et l'on y voit paraî-
» tre l'ébauche des yeux et de la tête en-
» tière; et dans le reste de ce globe allongé
» on voit au bout du cinquième jour l'é-
» bauche des vertèbres.

» Le sixième jour, les trois bulles de la
» tête paraissent plus clairement; on voit
» les tuniques des yeux, en même temps
» les cuisses et les ailes, ensuite le foie, les
» poumons, le bec; le fœtus commence à
» se mouvoir et à étendre la tête, quoi-
» qu'il n'ait encore que les viscères inté-
» rieurs; car le thorax, l'abdomen, et toutes
» les parties extérieures du devant du
» corps lui manquent.

» A la fin du sixième jour ou au com-
» mencement du septième, on voit paraî-

» tre les doigts des pieds ; le fœtus ouvre
» le bec, le remue ; les parties antérieures
» du corps commencent à recouvrir les vis-
» cères.

» Le septième jour, le poulet est entiè-
» rement formé , et ce qui lui arrive dans
» la suite jusqu'à ce qu'il sorte de l'œuf
» n'est qu'un développement de toutes les
» parties qu'il a acquises dans ces sept pre-
» miers jours.

» Au quatorzième ou quinzième jour,
» les plumes paraissent ; il sort enfin en
» rompant la coquille avec son bec au
» vingt-et-unième jour. »

Ainsi, l'on voit que c'est dans le germe de
l'œuf que se développe le nouvel être ; qu'il
offre d'abord plusieurs points et lignes rouges, qui ne sont rien autre chose que les
vaisseaux sanguins ; qu'ils aboutissent à la
partie centrale de l'embryon, ou le point
dont parle Buffon, et qui n'est aussi rien autre
chose que le cœur ; que les vaisseaux sanguins sont les parties qui se développent

les premières, que le fœtus a acquis toutes les parties au septième jour, et que l'œuf s'est transformé en un poulet parfait en vingt-et-un jours.

Le temps nécessaire à la transformation des œufs en êtres vivans parfaits est loin d'être le même pour tous les oiseaux. L'observation démontre que ce temps est d'autant plus considérable que les petits doivent naître plus parfaits. Ainsi ceux qui marchent dès leur naissance, comme les poules, les perdreaux, les canards, les dindons, les échasses, les autruches, etc., etc., ne naissent qu'après vingt, vingt-cinq ou même trente jours d'incubation, tandis que les œufs des oiseaux qui naissent faibles et aveugles, comme les mésanges, les linottes, et presque tous les petits oiseaux, éclosent de onze à dix-sept jours au plus tard. Ainsi, l'on voit qu'en général la nature emploie d'autant plus de temps à développer les êtres vivans qu'ils doivent naître plus robustes, plus forts et plus parfaits.

14.

» Le temps prescrit à cette pieuse tàche
» (l'incubation) une fois accompli, les pe-
» tits, presque nus encore, mais doués de
» chaleur et parvenus aux portes de la vie,
» brisent la cloison qui les retient, et se
» montrent à la lumière. Familla faible,
» ils demandent leur nourriture par des cris
» continuels. O quelle passion! quelle sen-
» sibilité! quelle tendresse active anime
» alors les parens! Ils volent, et, s'oubliant
» eux-mêmes, ils portent à leurs petits les
» morceaux les plus délicieux, les leur dis-
» tribuent également, et partent pour une
» nouvelle recherche.

» Tous deux, accablés par l'infortune,
» retirés au fond d'un bois ou dans tout au-
» tre lieu isolé, sans autre consolation que
» la tendresse qui les unit, sans autre ap-
» pui que la Providence, se privent de leur
» propre nourriture pour subvenir aux be-
» soins de leurs enfans, dont les larmes in-
» nocentes implorent leurs secours. »

(Thomson.)

CHAPITRE VII.

GÉNÉRATION DES MAMMIFÈRES, OU ANIMAUX A MAMELLES.

Les mammifères se distinguent de tous les autres animaux en ce qu'ils produisent des petits vivans, qu'ils allaitent à l'aide d'un liquide particulier préparé par des organes glandulaires désignés sous le nom de mamelles, ainsi que l'indique l'étymologie grecque du nom sous lequel ils sont désignés, qui signifie porte-mamelles, comme nous le voyons dans la vache, la chienne, la guenon, la femme, et la plupart des animaux dits quadrupèdes, c'est-à-dire à quatre pieds.

C'est dans la matrice ou *utérus*, organe musculeux et creux situé au milieu d'une cavité osseuse, dite bassin, que se développent les petits des mammifères, jusqu'à ce qu'ils aient acquis un degré de force suffisant pour soutenir une nouvelle vie. Ce berceau du germe se prolonge à l'extérieur par un canal membraneux désigné sous le nom de vagin, lequel conduit se termine lui-même par une ouverture extérieure connue sous le nom de vulve, portière, etc. Outre cette ouverture qui fait communiquer la matrice à l'extérieur, à l'effet que l'accouplement puisse s'effectuer et que la liqueur spermatique du mâle puisse être admise dans la cavité, cet organe en présente sur ses côtés deux autres, qui sont le commencement de deux conduits membraneux destinés à porter le sperme vers les ovaires : ces deux conduits sont désignés sous le nom de trompes utérines. Ce que l'on appelle ovaires ne sont rien autre chose que deux corps glanduleux, situés l'un à droite et l'autre à gauche des parois internes de l'utérus, et renfermant un nombre plus ou moins considérables de petites vésicules aqueuses, ou œufs, c'est-à-dire principes des germes, lesquels, après avoir été fécondés par la liqueur spermatique du mâle, se détachent de leur grappe à l'effet de venir se développer dans la cavité de la matrice, où ils pénètrent par la même voie qu'avait suivie la liqueur du mâle, c'est-à-dire les trompes utérines. Ainsi , en procédant de l'extérieur à l'intérieur, nous trouverons dans les femelles des animaux comme dans la femme : 1° une ouverture, offrant la forme d'une fente plus ou moins allongée, ou vulve ; 2° un canal membraneux destiné à recevoir la verge pendant l'acte de la reproduction ou vagin ; 3° un organe musculeux et creux dans lequel se développent les œufs fécondés ou matrice, aussi utérus ; 4° deux petits conduits membraneux ayant pour usage de conduire vers les ovaires la liqueur séminale déposée dans le vagin par le mâle pendant le coït, ou trompes utérines ; 5° deux corps glanduleux , renfermant les principes des germes, c'est-à-dire les œufs , qui sont les ovaires , autrement dits testicules féminins. La destruction ou l'altération profonde de la matrice, des trompes utérines ou des ovaires, produisent toujours une stérilité absolue, ainsi que nous le verrons plus tard.

L'appareil sexuel du mâle se compose : 1° d'une verge, ou organe extérieur; plus ou moins allongé, et susceptible d'éprouver par l'excitement vénérien une sorte de gonflement et de dureté (érection) propre à en faciliter l'entrée dans le vagin ; 2° d'organes glandulaires, dits testicules, destinés à puiser dans la masse du sang qui leur est apporté par les artères, les matériaux d'un fluide sans l'action duquel ne pourrait s'effectuer la fécondation des œufs de la femelle, qui est désigné sous le nom de sperme, semence, fluide séminal, liqueur spermatique, fécondante, etc.; 3° de conduits membraneux, dits canaux déférens, conduisant la liqueur spermatique des testicules dans le bas-ventre, pour le déposer dans les poches ou vésicules séminales où elle s'amasse hors

le temps de la copulation ; 4° d'autres conduits membraneux appelés éjaculateurs
dont l'usage est de transmettre la liqueur
spermatique dans le canal urétral lors de
l'éjaculation ; 5° d'un autre conduit, appelé
urètre, canal qui traverse la verge, et qui
est destiné à transmettre directement la liqueur fécondante dans le vagin de la femelle, en même temps qu'il donne passage
aux urines. Ainsi les testicules préparent
la liqueur spermatique; les conduits déférens l'y pompent et la transportent dans les
vésicules séminales; les vésicules séminales
conservent ce fluide hors le temps des
amours ; les canaux éjaculateurs le transmettent dans le canal de l'urètre ; le canal de l'urètre le dépose directement dans
le vagin.

L'accumulation de la liqueur fécondante
dans les vésicules séminales détermine dans
l'appareil sexuel un état d'excitation pénible, dont le mâle ne peut être délivré que
par l'expulsion de ce fluide au dehors. Alors

il appète ardemment la femelle de son espèce, et le contact réciproque des parties a
lieu. Par l'effet du frottement, les muscles
se contractent comme convulsivement; la
liqueur est expulsée des vésicules séminales
dans le canal de l'urètre à travers les canaux éjaculateurs, duquel canal elle est ensuite lancée plus ou moins fortement vers
l'orifice inférieur de la matrice.

Stimulée vivement par la présence de la
liqueur spermatique , la matrice l'absorbe
et la fait pénétrer dans son sein, d'où elle
est ensuite portée vers les ovaires à travers
les trompes utérines. L'action de la même
liqueur, ou plutôt de l'*aura seminalis*, sur
les ovaires, en fait détacher un ou plusieurs
ovules, lesquels, attirés à leur tour par la
force aspirante de la matrice, enfilent les
trompes utérines et viennent tomber dans
la capacité de ce viscère pour s'y transformer en de nouveaux êtres vivans. Nous ferons connaître plus tard les expériences et
les observations qui démontrent irréfraga-

blement que tel est en effet le mode de reproduction adopté par la nature pour le
renouvellement des mammifères et de
l'homme, auquel s'applique parfaitement
tout ce que nous venons de dire, ainsi que
ce que nous allons exposer sur le développement du germe.

Déposé dans la matrice, l'œuf fécondé va
être soumis à une série de mutations successives, lesquelles, ainsi que nous le démontrerons bientôt, offrent la plus parfaite
analogie avec celles que nous avons remar-
quées pour l'œuf des oiseaux.

La pellicule de l'œuf, c'est-à-dire son enveloppe membraneuse, s'agrandit, s'épaissit et devient ferme à mesure que le point
central s'anime et acquiert toutes les parties
qui doivent constituer l'animal, en sorte
qu'elle finit par représenter une espèce d'e
sac (*membrane amnios*) rempli d'une plus
ou moins grande quantité de fluides limpi-
des, dans lesquels nage l'embryon, et qu

doit nécessairement crever pour donner le jour au nouvel être.

La matrice éprouve un développement et un agrandissement proportionné à ceux de l'œuf, et elle acquiert un mode de sensibilité et d'action particulière d'où résulte la formation dans son sein de parties qui n'y existaient pas auparavant. Ainsi, l'on voit se former une nouvelle membrane propre à renforcer celle de l'amnios, et qui est connue sous le nom de chorion. Entre elle et l'embryon se développe une espèce de lascis vasculaire et spongieux, dans les cellules duquel le premier organe développe une plus ou moins grande quantité de sang pour servir à l'accroissement du germe : c'est ce que l'on nomme *placenta*, mot latin qui signifie gâteau, à cause de la ressemblance de cette partie avec cette sorte de pâtisserie. Des différens points de ce moyen de communication entre le germe et la matrice, à laquelle cette production est adhérente, partent des radicules veineuses infiniment nombreuses, lesquelles, par leurs anastomoses, finis-ent par se confondre en deux grosses veines qui vont se porter au point du ventre du fœtus, que l'on nomme *ombilic* ou nombril, pour de là se répandre aux différentes parties du nouvel être animé, et lui procurer ainsi les matériaux de son développement et de son accroissement, en même temps que le sang et les humeurs, appauvris des principes nutritifs par la circulation fœtale, sont rapportés au *placenta* par une artère qui va se distribuer à l'infini dans le *placenta* pour le renouvellement de ces fluides. Ces veines et artères sont entrelacées entre elles de manière à former une espèce de cordon revêtu à l'extérieur par un prolongement membraneux : c'est ce qu'on appelle le *cordon ombilical*. La membrane *amnios*, celle dite *chorion*, le *placenta* et le *cordon ombilical* prennent collectivement lenom de *secondines* ou *arrière-faix*, parce qu'ils ne sont expulsés de la matrice qu'après le part ou l'accouchement, par un nouveau travail que l'on connaît vulgairement sous le nom de délivrance.

Lorsque le fœtus a acquis assez de force pour soutenir une nouvelle vie, la matrice revient sur elle, se contracte douloureusement, et les expulse au dehors à travers son orifice inférieur, le vagin et la vulve, parties qui s'assouplissent par la grande abondance d'humeurs dont elles se pénètrent dès le commencement des douleurs, et d'où résulte une dilatation nécessaire à la sortie du nouvel être. La poche des eaux crève, et le petit se dégage de la vulve, respire par les poumons, jusque-là inactifs, et la nature compte un être vivant de plus.

Mais cet être vivant est faible, et presque toujours aveugle; les alimens ordinaires seraient incompatibles avec la délicatesse de sa frêle économie, il a besoin d'être dirigé par les parens dans la carrière de la vie. La nature achève son ouvrage en déterminant la confection, par les mamelles, d'un liquide bienfaisant, bien approprié à l'état particulier du petit, qui s'en repaît avec avidité, et que la mère s'empresse toujours de lui fournir avec le plus grand zèle, avec tous les autres soins que nécessitent ses débuts dans la carrière de la vie, du moins chez les brutes, car l'espèce humaine déroge souvent à ces lois sacrées, que l'auteur de toutes choses grava dans le cœur de toutes les femelles des animaux; mais nous nous occuperons plus loin de ce genre de monstruosité.

Ce n'est que quand les mammifères sont parvenus à l'époque de leur accroissement et de leur force, qu'ils commencent à se rechercher et à se livrer aux actes de la reproduction. Cette époque, marquée par le déploiement d'une force, d'une pétulence et d'une hardiesse insolites, prend chez eux le nom de première chaleur ou de premier rut, et varie chez les différens animaux, selon leur grandeur, leur force particulière et la durée de leur vie, etc. Ainsi, elle a lieu à

deux ou trois mois dans les souris et les autres quadrupèdes de ce genre ; à cinq ou
six mois chez les lapins ; à sept ou huit
chez les lièvres ; à un an dans les chiens ; à
dix-huit mois dans les renards ; à deux
ans dans les loups ; à deux ans et demi ou
trois ans dans les chevaux ; à trois ou quatre
ans dans les chameaux ; à sept ou huit ans
dans les cerfs qui, comme l'on sait, vivent
fort long-temps ; à douze ou quinze ans
dans les éléphans. Les femelles des animaux
sont généralement plus précoces que les
mâles , et peuvent ainsi se reproduire un
temps plus ou moins considérable avant
eux. L'on sait que l'on obtient des petits
d'autant plus beaux et plus parfaits, que
l'on retarde davantage leur reproduction, à
moins toutefois qu'on ne les laisse trop vieil-
lir. Chacun sait, par exemple, que l'on
n'obtient de très beaux chiens que quand
la femelle ne se reproduit qu'à deux ans, et
que les poulains d'une jument de quatre
ans sont toujours plus robustes que ceux

d'une autre qui aurait été couverte une année plus tôt par l'étalon. En raison du développement plus précoce des femelles, la
jument peut être livrée à la reproduction
un année avant le mâle.

La chaleur ou le rut n'a ordinairement
lieu que tous les ans, et presque toujours à
des époques fixes pour chacune des espèces.
Ainsi on l'observe chaque année, depuis la
Toussaint jusqu'au mois d'avril, dans les
brebis, dans le fort de l'hiver chez les loups,
les renards, pendant une quinzaine de jours;
au mois d'octobre, pendant le même espace
de temps, dans le chevreuil; en automne
chez l'ours, etc.; en janvier et février chez
les chattes, pendant quatorze ou quinze
jours; depuis la fin de mars jusqu'à la fin
de juin, chez les jumens, etc., etc. D'autres
animaux se trouvent en chaleur presque immédiatement après avoir allaité leurs petits,
comme les lapins, les lièvres, etc. Il en est
enfin qui se reposent pendant une ou plu-

sieurs années, comme les ours, les cha-meaux, les éléphans, etc,

A l'époque de la chaleur ou du rut, les femelles des animaux marquent presque toutes une lascivité supérieure à celle des mâles, et les provoquent presque toujours, dans le fort de leur feu. L'on voit alors s'é-chapper par la vulve une quantité plus ou mois considérable de matière visqueuse, et quelquefois même sanguinolente, comme chez les femmes, ainsi que nous l'observons dans les guenons.

Ce temps d'ardeur est souvent accompa-gné des phénomènes les plus singuliers et les plus propres à nous donner une idée de la puissante influence de l'amour sur les êtres animés, et notamment chez les cerfs, les chameaux, les éléphans et les lions.

C'est vers le commencement du mois de septembre que les vieux cerfs entrent en rut. Il commence par une sorte de mélancolie qui leur fait rechercher d'abord la solitude; ils marchent tête baissée, le jour comme la nuit. Après avoir ainsi musé pendant deux ou trois jours, ils manifestent subitement une férocité tout-à-fait insolite : ils attaquent l'homme, et tous les animaux qui se présentent sous leurs pas. Cinq ou six jours après le commencement de cette fureur désordonnée, ils éprouvent avec plus de violence les effets du rut. Ils raient, poursuivent les biches à toute outrance, et ne s'en éloignent qu'après avoir consumé tous leurs feux.

Après le rut des vieux cerfs, commence celui des jeunes, lesquels se précipitent avec non moins de fureur sur les femelles, ou plutôt sur les restes des premiers.

L'excès de leurs feux se manifeste surtout pendant la nuit, depuis quatre ou cinq heures du soir jusqu'à huit ou neuf heures du matin. Pendant cet espace de temps, les mâles se livrent des combats suivis souvent de blessures mortelles. Retenus quelquefois par l'entrelacement de leurs cornes, il n'est pas rare de voir les loups mettre fin à leur combat en les dévorant.

Le rut des vieux cerfs dure au moins quinze jours avec le même degré d'intensité que nous venons de faire connaître, et celui des jeunes quatre à cinq jours de moins. Les chasseurs et les chiens qui les attaquent dans cet état courent les plus grands périls, et sont souvent victimes du moindre excès de témérité, ces animaux se précipitant sur eux avec la fureur du lion.

Les mâles paraissent ressentir les effets du rut d'une manière beaucoup plus puissante que les biches, et en saillissent jusqu'à quinze ou vingt successivement. Les uns et les autres, les cerfs cependant beaucoup plus que les biches, exhalent une odeur tellement forte, qu'elle devient repoussante, même pour les chiens, qui se refusent quelquefois à les poursuivre dans de telles circonstances.

Les chameaux, même apprivoisés, dont chacun connaît la douceur et la docilité envers leur conducteur ou *camélie*, deviennent des plus indomptables et des plus furieux quand ils commencent à ressentir les effets du rut. Aussi les personnes qui les conduisent à travers les déserts courent-elles les plus grands dangers pendant ce temps, qui dure ordinairement quarante jours, et qui arrive au printemps. Ils attaquent tous les animaux qu'ils rencontrent, les frappent de leurs pieds et de leurs dents, et se précipitent même avec une sorte de fureur maniaque sur des animaux qui les surpassent infiniment du côté des moyens de défense et d'attaque, tels que les lions, les panthères, les tigres, etc., etc.

Généralement parlant, les mammifères ne s'accouplent que fort simplement par la partie postérieure du tronc. Cependant il y a quelques exceptions à cet égard. Ainsi, la femelle du chameau s'accroupit pour recevoir le mâle ; les baleines s'approchent l'une de l'autre, dressées sur leurs queues, s'embrassent avec leurs nageoires, et demeurent plusieurs heures dans la même position, etc.

A quelques exceptions près, les mâles des mammifères offrent infiniment plus de vigueur que les femelles. Ainsi nous voyons le cochon d'Inde suffire à quinze femelles, un cerf à vingt biches, un taureau à cent vaches, un bélier à un troupeau fort nombreux de brebis (plus de cent), etc., etc.

Aussi la *polyginie*, c'est-à-dire un seul mâle pour plusieurs femelles, est-elle établie dans les mœurs des animaux de cette classe.

Il y a cependant trois ou quatre exceptions à cette règle générale, parmi lesquelles nous citerons les chevreuils. Les mâles de cette espèce ne prennent qu'une femelle, la suivent partout, et se chargent, de concert avec elle, de l'éducation de la famille. L'on prétend que les baleines sont dans le même cas. Mais, généralement parlant, les mammifères ne vivent point par paires, et les femelles sont seules chargées de l'éducation des petits.

Dès l'instant où la femelle a conçu, elle

repousse toute attaque de la part du mâle, et il est même très-rare que celui-ci lui livre aucun combat dans cet état. Il y a cependant quelques exceptions à cet égard. Ainsi nous voyons les jumens pleines souffrir quelquefois les approches de l'étalon; mais c'est toujours sans ardeur, et jamais on n'en voit résulter de superfétation , ainsi qu'on l'observe dans l'espèce humaine.

Outre l'organisation sexuelle, les mâles offrent tous des caractères généraux qui les font distinguer au premier aspect des femelles de leur espèce. En général, ils sont plus grands, plus forts, plus robustes, plus audacieux et plus beaux, ainsi que nous le voyons tous les jours dans l'étalon, le taureau, le cerf, le bélier, le vérat, le sanglier, le lion, etc., comparés à la jument, la vache, la biche, la brebis, la truie, la laie, la lionne, etc. D'autres fois, ce sont des productions extérieures qui les distinguent, et qui sont refusées aux femelles, comme les cornes dans le cerf et le chevreuil, le musc dans le chevrotin, la crinière du lion des déserts, la trompe des lions marins, etc., etc. Les animaux sauvages que l'on rencontre marchant en société, comme les chiens en Amérique, les chevaux sauvages dans le même pays et en Pologne, etc., etc., sont ordinairement conduits par un vieux mâle.

L'homme, qui regarde la classe entière des animaux comme uniquement créée pour son bon plaisir, s'est fait une habitude d'en châtrer un certain nombre soit pour les dompter plus facilement, soit pour trouver dans leur chair un aliment plus tendre, plus succulent, et plus délicat. C'est ainsi qu'en châtrant les chevaux, les taureaux, les brebis, les cochons etc., il obtient des hongres, des bœufs, des moutons, des porcs, etc. En même temps, en effet, que ces animaux ne peuvent plus engendrer, ils perdent une grande dose de leur force, de leur courage, de leur fierté; ils deviennent pesans, lâches, timides, dociles, et présentent, pour ceux qui se mangent, une chair plus délicieuse et beaucoup plus facile à digérer.

Il n'est pas rare de voir des mammifères s'accoupler et produire avec des individus d'une espèce différente de la leur, et donner ainsi naissance à des variétés offrant des caractères tout-à-fait particuliers. C'est ainsi que l'accouplement de l'ânesse avec le cheval nous procure des bardeaux, celui de l'âne avec la jument, des mulets ou mules, qui ne sont souvent que des êtres dégénérés, incapables de produire de nouveaux individus, etc., etc. L'on sait que les loups peuvent se propager avec le chien ; celui-ci avec le renard ; le chien domestique avec le chien sauvage et les castors ; le zèbre et le couagga avec l'âne, les sangliers avec les cochons, etc. Bayle rapporte même qu'un gros rat, qui avait été apprivoisé avec une chatte, s'accoupla avec elle, et qu'il en résulta des petits qui participaient de la nature du père et de la mère, lesquels furent élevés dans le jardin du roi d'Angleterre.

Mais pour que ces sortes de reproductions puissent avoir lieu, il est nécessaire que les individus d'espèce différente n'offrent point entre eux une trop grande différence d'organisation. Ainsi, l'on ne verra jamais le cheval produire avec la vache; le chien avec la truie, etc., etc. Nous parlerons plus loin du croisement des races humaines.

La longévité des mammifères ne varie pas moins que celle des poissons et des oiseaux. Ainsi le chat vit de cinq à dix ans, la marmotte de neuf à onze ans, le bœuf de quatorze à quinze ans, la vache et le taureau à peu près le même temps, le chien de quinze à vingt-deux ans, le cochon à peu près le même temps, les chevaux de quinze à vingt-cinq ans, le loup de quinze à vingt ans, les renards de douze à quinze ans, les castors de quinze à vingt ans, l'ours de vingt à vingt-cinq ans, les éléphans et les cerfs plusieurs siècles.

Les mammifères ne font généralement qu'une portée par an, du moins les grands

mammifères; car l'on sait qu'il y a des exceptions pour les souris, les rats, les lapins,
les lièvres, les chats, etc. Le nombre des
petits à chaque portée est fort variable selon
les espèces, et l'on observe qu'il est d'autant
moins considérable, généralement parlant,
que les parens sont plus grands : les baleines, les cachalots, les narwals, les dauphins,
les cerfs, les chameaux, un seul, rarement
deux; les éléphans, toujours un seul, en
huit ou dix ans; les chèvres, un deux, trois
et même quatre par an; les ours, un, deux,
trois, quatre et jamais plus de cinq; les
lions marins, deux; les brebis une, et quelquefois deux; les lions quatre, et quelquefois plus; les renards de trois à six; les
souris de cinq à six, lesquels courent seuls
quinze jours après leur naissance (quatre à
cinq portées par an); les chats de quatre à
cinq, les chiens de quatre à huit; on en a
vu en faire douze, quinze et même vingt;
les lapins six, sept et huit (cinq à six portées
par an); les lièvres, trois ou quatre; les

rats, les belettes, les fouines et les martes, cinq, six, sept et huit; les marmottes trois ou quatre; le chevreuil, deux ou trois.

La durée de la portée des mammifères est aussi fort différente, selon les espèces. Ainsi, les lapins et les lièvres portent trente et un jours, les chattes cinquante-six jours, la chienne soixante-trois jours, les brebis et les chèvres cinq mois, la biche huit mois, les louves trois mois et demi, l'ours huit mois, les renards de l'hiver au mois d'avril, le chameau d'un printemps à un autre printemps, la vache neuf mois, la jument onze mois et quelques jours, l'éléphant plusieurs années, la baleine probablement trois ou quatre ans, car son petit est aussi gros qu'un taureau en venant au monde.

L'on a observé que le nombre des mamelles est en général double de celui des petits par portée. On en compte deux dans le chèvre, les éléphans et les cerfs, etc.; quatre dans les tigres, les civettes; six dans les rats, etc., etc.

La situation des mamelles varie aussi beaucoup. Ainsi on les trouve situées au-dessous du ventre, très en arrière, dans les baleines, les cachalots, les narwals, les dauphins, etc. ; sous le ventre dans les chats, les chiens, les loups, les sangliers et la plupart des quadrupèdes ; tout-à-fait sous le nombril, dans les tigres, etc. ; dans les aines, comme dans l'âne, le cheval, le zèbre, le couagga, etc. ; sous la poitrine, comme dans les tardigrades ; deux à la poitrine et deux au nombril, dans les civettes, entièrement sous la poitrine dans la chauve-souris, où les petits savent s'accrocher pour suivre partout la femelle, même quand elle vole ; sous le ventre, dans une espèce de poche où les petits sont déposés par la mère immédiatement après leur naissance, à l'effet qu'ils puissent téter dans cette sorte de sac jusqu'à ce qu'ils puissent se passer de ses secours, dans cette espèce de kanguroos, dite géant ou mouton sauteur.

Quand les femelles sont parvenues au terme de leur part, elles se choisissent un lieu convenable à elle-mêmes, et surtout à leurs petits, s'y couchent ou s'y accroupissent, et les y déposent de la manière que nous avons dite précédemment. La jument est peut-être le seul quadrupède qui mette bas sur les quatre pieds. Alors toutes, sans aucune exception, s'empressent de présenter la mamelle à leur famille, qui en aspire immédiatement le lait avec une grande avidité.

Ici, comme dans les reptiles, les insectes, les oiseaux, etc., nous avons lieu d'admirer la tendresse des mères pour leurs enfans.

Depuis la chauve-souris jusqu'aux bêtes fauves des déserts et jusqu'aux monstres marins, nous ne pouvons trouver une seule femelle qui ne prenne de sa famille les soins les plus chauds, et qui ne se montre disposée à la défendre jusqu'à la mort, dès l'instant où elle se trouve exposée à quelque danger dont elle a la certitude ou au moins l'espoir de l'arracher. La fièvre d'amour maternel qui la brûle exalte toutes ses facultés, centuple ses forces, lui donne un courage invincible, et la met en état de lutter contre des animaux qui la surpassent de beaucoup en force.

Le chat attaque impitoyablement de ses griffes tout chien ou tout autre animal qui s'approche de ses petits, quelles que soient sa grandeur et sa force A l'approche d'un loup furieux, le chien n'abandonne pas sa famille, mais reste pour la défendre, combat et périt. La chauve-souris se voit-elle privée de ses petits, faible, languissante, on l'entend gémir amèrement.

Les lapins, comme l'on sait, creusent leurs terriers en ligne droite. Mais quand la hase sent qu'elle est sur le point de mettre bas, elle s'en creuse un autre en zig zag, à l'effet que ses petits puissent s'y trouver en plus grande sûreté, et le termine par une excavation qu'elle remplit de poils arrachés sous son propre ventre, pour procurer à sa faible famille un lit aussi doux que possible. Elle les réchauffe de son sein et les

nourrit de son lait pendant deux jours con-
sécutifs sans songer nullement à aller chercher quelque aliment propre à la reposer
des fatigues de la parturition et de l'absti-
nence ; alors elle sort quelques instans pour
aller prendre à la hâte la nourriture nécessaire à sa subsistance, revient précipitam-
ment allaiter sa progéniture, et ce, pendant
plus de six semaines, sans perdre rien de son
amour maternel.

La baleine transporte partout avec elle
son baleinon entre les nageoires, et ne se
sert plus alors que de sa queue pour diriger sa marche dans l'Océan. Quelque besoin
qu'elle puisse avoir de ses nageoires pour
échapper à un danger pressant, elle le garde
constamment dant le même endroit, et pré-
fère devenir la victime de son amour maternel que de l'abandonner à la merci des
pêcheurs ou d'autres ennemis.

Lorsque la louve est sur le point de faire
ses petits, qui, comme l'on sait, naissent
faibles et aveugles comme ceux des chiens

et de la plupart des mammifères, elle se retire au fond des bois, s'y choisit une espèce de fort dont elle gardera toujours l'entrée en sentinelle intrépide, le remplit de mousse, et y met bas sa progéniture. Pendant près de deux mois, elle ne sort, comme la lapine, que pour prendre les alimens nécessaires à l'entretien de sa vie. Après cette époque, elle les mène vers quelque ruisseau pour les désaltérer, et les conduit encore pendant deux autres mois pour les défendre et leur apprendre à se procurer d'eux-mêmes leur subsistance. Se présente-t-il quelque danger, elle les fait entrer à l'instant même dans leur retraite, en défend l'entrée avec une fureur sans égale, et ce n'est qu'en marchant sur son cadavre que les ennemis pourront pénétrer jusqu'à sa famille.

Pareillement, lorsque la femelle de l'ours sent qu'elle est sur le point de devenir mère, elle va à la recherche d'une caverne profonde, à l'effet d'y déposer son trésor sur

un lit mollet, dont elle a eu soin de le remplir avec des feuilles et de la mousse. Cette
caverne ne se présente-t-elle pas à ses recherches, elle ramasse et casse des branches
d'arbres et en fait avec des herbes une sorte
de maison impénétrable à l'eau. Quoique
naturellement moins farouche que le mâle,
elle acquiert, au moindre danger que peuvent courir ses petits, une fureur supérieure
à celle de ceux-ci, et fait un carnage affreux de ses ennemis, si elle ne succombe
pas à la supériorité de leur force et de leurs
artifices.

« Les Hircaniens et les Indiens, dit Pli-
» ne, sont obligés, quand ils prennent les
» petits tigres, de les emporter bien vite sur
» un cheval, car, quand la mère ne les trouve
» plus, elle sent leurs traces, les suit avec
» une promptitude furieuse, et la personne
» qui les emporte n'a rien de mieux à faire
» quand elle est atteinte par la tigresse,
» que de lui jeter un de ses petits à terre.
« Alors elle le prend dans sa gueule, le

» porte dans son trou, et revient bientôt
» après. On l'amuse en répétant la même
» manœuvre, jusqu'à ce qu'on soit sur le
» vaisseau, d'où l'on entend la tigresse
» pousser les hurlemens les plus affreux sur
» le rivage. »

L'on sait que les sangliers ne prennent
aucun soin de leurs petits, et qu'ils se re-
tirent au contraire dans la solitude des bois
après avoir fécondé les femelles. Lorsque
celles-ci se trouvent dans la nécessité de
faire sortir la famille de leur retraite pour
les conduire à la recherche de leur nourriture, elles se réunissent en troupe, et s'ad-
joignent les jeunes mâles sur les dents desquels elles peuvent baser quelques moyens
de défense. Se présente-t-il quelque danger
imminent pour leurs marcassins, elles les
placent promptement dans un cercle qu'elles composent avec les jeunes mâles, forment une espèce de bataillon des plus serrés,
chargent avec férocité leurs adversaires,

17

qui ne peuvent pénétrer jusqu'à la jeune famille qu'en tuant leurs défenseurs à coups répétés d'armes à feu.

Nous ne saurions mieux terminer notre chapitre de la génération des mammifères qu'en citant en entier ce brillant passage des Saisons du poète anglais : « Tandis que » le peuple ailé jouit sous l'ombrage de » toutes les douceurs de la tendresse ma— » ternelle, d'autres animaux sont embrasés » d'une flamme dévorante, et transportés » par l'impétuosité des désirs. Le taureau » vigoureux sent la fureur de la passion » circuler dans ses veines. Dédaignant les » gras pâturages, il s'enfonce au milieu des » genets fleuris dont les rameaux élastiques » battent ses vastes flancs. Il s'égare dans » le labyrinthe des bois, et ne broute plus » le tendre bourgeon, vainement offert à » ses sens inattentifs; souvent transporté » d'une jalousie insensée, il cherche le » combat, et frappe de ses cornes les troncs » noueux qui lui présentent l'image d'un

» rival. Ce rival s'offre-t-il enfin, la guerre
» commence¹, leurs yeux étincellent, leurs
» pieds font voler le sable; ils se précipi-
» tent l'un sur l'autre, et leurs coups
» terribles ensanglantent la terre, qui re-
» tentit de leurs profonds rugissemens.
» Cependant la belle génisse, à la douce
» haleine, est tranquille spectatrice d'un
» combat dont sa présence anime la fureur.

» Frappé de la même atteinte, le cour-
» sier frémissant devient indomptable, une
» fièvre brûlante agite ses nerfs; sourd à
» la voix de son maître, indocile au mors,
» insensible au châtiment, il secoue fière-
» ment la tête. Appelé par l'attrait du plai-
» sir, il fuit dans les plaines éloignées; il
» traverse les déserts et les bois, il monte sur
» les rochers escarpés, et, galopant sur le
» sommet des montagnes, il hennit et res-
» pire un air qui l'embrâse, puis, descen-
» dant d'une course rapide, il franchit les
» précipices, s'élance au-dessus des torrens,
» et ne connaît aucun danger, tant la pas-

» sion qui le domine accroît ses forces et
» son courage. »

... Un coursier captif, mais fougueux et sauvage,
Las des molles langueurs d'un oisif esclavage,
Tout-à-coup rompt sa chaîne, et loin de sa prison,
Possesseur libre enfin de l'immense horison, ·
Tantôt fier, l'œil en feu, les narines fumantes,
Demande aux vents les lieux ou paissent ses amantes.

. . . .

Levant ses crins mouvans, que le zéphir déploie,
Vole et frémit d'amour, et d'orgueil et de joie.

(VIRGILE, trad. de *Delille.*)

TROISIÈME PARTIE.

GÉNÉRATION HUMAINE.

—

Comme celle de la plupart des animaux et même des végétaux, la propagation de l'espèce humaine est confiée à deux sexes, dont l'un mâle et l'autre femelle. Le premier est l'homme ; le second, la femme. Tous deux sont doués, pour cette fin, d'organes spéciaux, dit sexuels, dont le concours d'action et le contact réciproque sont indispensables à la formation d'un nouvel être.

Ce contact ou ce rapprochement sexuel n'a d'autre but que de réunir les élémens des générations futures. Or ces élémens sont, chez l'homme, un liquide spécial préparé par des organes sécréteurs, dit testicules ; et chez la femme des ovules ou des germes confectionnés par des espèces de

17.

glandes connues sous le nom d'ovaires.

Le rôle que l'homme et la femme sont destinés à remplir dans la reproduction est essentiellement différent chez l'un et l'autre. Le premier ne participe à ce grand œuvre qu'en transmettant à la première la liqueur séminale propre à féconder les ovaires, tandis que celle-ci doit alimenter pendant au moins neuf mois, dans ses entrailles, la production vivante qui résulte de leur commerce réciproque.

Les organes destinés à remplir ce grand objet présentent absolument le même mode d'action et de structure que dans les animaux quadrupèdes ; en conséquence nous les connaissons déjà. Cependant comme ils en diffèrent sous quelques rapports, nous devons commencer cette troisième partie par la description succincte de l'appareil sexuel de l'espèce humaine.

Ainsi que chez les animaux, l'homme et la femme ne jouissent pas de la faculté de se reproduire à toutes les périodes de leur vie : ce n'est que quand le corps a acquis à peu près tout le développement dont il est susceptible que les organes de la reproduction pourvoient pleinement au renouvellement de l'espèce. Cette époque prend le nom de puberté ou de nubilité.

Parvenus à leur parfait développement, les organes sexuels deviennent par les fluides éminemment excitans qu'ils préparent, une source de stimulation, de prurit et même d'irritation intolérable dont le jeune homme et la jeune fille ne peuvent être délivrés qu'en se rapprochant l'un de l'autre, et qu'en faisant exécuter à ces parties les fonctions qui leur sont assignées, seul moyen capable de faire taire le sentiment pénible résultant de l'accumulation de fluides très irritans. Ce rapprochement qui consiste dans la pénétration d'un organe allongé et solide dans un autre en forme de canal, prend le nom de coït, copulation, commerce sexuel, etc.

A ce premier travail de la reproduction,

qui n'a d'autre but que de mettre en contact des fluides capables de se transformer en de nouveaux êtres, succède l'action réciproque de la liqueur mâle sur les fluides de la femme, de manière à revêtir les caractères de la vitalité. C'est ce dont nous parlerons sous le titre de mécanisme de la conception.

L'action réciproque des fluides mâles et femelles ne produit d'abord qu'un point animé, offrant tout au plus la vitalité de la plante. Ce n'est que neuf mois après qu'il présente tous les caractères qui caractérisent parfaitement un individu de notre espèce. Cet espace de temps est ce que l'on appelle grossesse ou gestation.

Quand le fruit de la conception a acquis tout le degré de force nécessaire pour soutenir son existence hors le sein maternel, la matrice, après s'être prodigieusement agrandie pour en favoriser le développement, revient sur elle-même, se contracte fortement et l'expulse au dehors. Cette fonction prend le nom d'accouchement, d'enfantement, de délivrance, etc.

Déposé dans la carrière de la vie, le nouvel être présente une faiblesse telle qu'il ne pourrait qu'expirer en très peu d'heures ou de jours sans les soins de celle qui lui donne la vie. De plus, il apporte dans ses organes digestifs et tout le reste de l'économie une débilité telle qu'il ne saurait soutenir son existence sans le secours d'un liquide plus ou moins analogue aux humeurs laiteuses et sanguines qu'il recevait toutes confectionnées dans le sein de sa mère. Alors des organes semi-sphérique, que l'on désigne sous le nom de seins ou de mamelles lui préparent ce liquide bienfaisant et proportionné à la délicatesse de son organisation, le lait ; lactation ou allaitement, tendresse maternelle, éducation physique et morale de l'enfant, etc.

Enfin, parvenus à un certain âge, l'homme et la femme perdent la brillante faculté de procréer de nouveaux êtres ; âge de retour , âge critique , stérilité , impuissance , etc.

D'après ce court aperçu sur la série des fonctions particulières de la reproduction, l'on voit qu'un traité de génération doit comprendre 1° la description des parties sexuelles ; 2° le développement complet de ces parties ou *puberté*; 3° l'action de ces organes les uns sur les autres, pour former un être animé, ou *coit*; 4° le mode d'actions des fluides mâles et femelles pour développer cet être vivant, ou mécanisme de la conception ; 5° le développement du germe dans le sein maternel, ou gestation, grossesse ; 6° l'expulsion de l'enfant hors de la matrice, ou accouchemeut, enfantement; 7° la fonction qui a pour but de présenter le lait au nourrisson, ou allaitement, lactation ; 8° enfin la perte de la faculté d'engendrer, etc.

Telles seront en effet les questions qui figureront dans notre traité de la génération humaine. En même temps que nous en donnerons une connaissance aussi parfaite que possible, nous les envisagerons sous des points de vue entièrement nouveaux et qui n'ont été nullement présentés à nos lecteurs dans les autres ouvrages que nous avons publiés jusqu'à ce jour. Nos descriptions seront telles que les personnes même les moins instruites pourront parfaitement comprendre des sujets qui jusqu'à présent semblaient n'être que du domaine des initiés dans les sciences médicales.

CHAPITRE PREMIER.

APPAREIL GÉNITAL.

L'on désigne sous le nom d'appareil génital ou sexuel l'ensemble de toutes les parties qui prennent une part plus ou moins active à la reproduction. Ces organes, dont nous allons étudier l'admirable disposition, ont encore été désignés sous le nom de secrets, à cause de l'espèce de mystère qu'a fait naître la pudeur à leur égard. On les qualifie souvent de nobles, pour indiquer le rôle important qu'ils remplissent dans le renouvellement des espèces, auquel la nature semble sacrifier toutes les autres fonctions de la vie. Le plus grand nombre des personnes les dénomme sous le mot simple de parties, comme pour exprimer qu'ils sont les organes par excellence, ceux sans lesquels les autres seraient plongés dans le néant. Enfin quelques individus les appellent parties honteuses, dénomination aussi fausse qu'outrageante envers l'auteur de la nature, lequel fait à chacun des êtres vivans une loi impérieuse et sacrée d'exécuter ce divin précepte : *Crescite et multiplicate.*

Les parties sexuelles de l'homme et de la femme sont organisées de manière à pouvoir parfaitement agir les unes sur les autres pendant le premier acte de la repro-

duction. Chez l'un, c'est un organe prisma-
tique et ferme dans l'état d'érection ; chez
l'autre, c'est un canal dont le diamètre et
la longueur sont proportionnés à ceux du
premier, en sorte qu'abstraction faite du
but de la reproduction, l'on ne peut douter
un seul instant que tous deux ne soient autant déstinés à agir l'un sur l'autre que la
lumière sur l'organe de la vision. L'on
pourrait même considérer les sujets de notre espèce comme ne formant point de véritables individus par eux-mêmes; mais seu-
ment des moitiés d'individus, ne constituant
un être complet que par l'union sexuelle.
En effet, nous avons vu précédemment qu'il
existe une foule d'êtres animés qui ne forment un individu réel que par la réunion
intime des parties constituantes de leur
économie entière.

La nature, comme on le sait, sacrifie
tout à la reproduction : c'est pour nous conduire à ce but qu'elle nous prodigue d'a-
bord tous les dons de la force, de la vigueur

et de la beauté ; c'est pour nous exciter à payer notre tribut au renouvellement des espèces qu'elle attache des jonissances si vives aux actes qui y président ; c'est pour nous endormir sur notre propre intérêt qu'elle nous environne des plus douces illusions dans la saison brillante de nos amours ; c'est pour nous faire céder notre place à d'autres individus plus robustes et plus en état de travailler au maintien de l'espèce qu'elle nous retire, dès l'instant où nous perdons la faculté reproductrice, tous les brillans avantages dont elle nous avait doués avec tant de profusion. Eu un mo t, la nature ne voit partout que les espèces, et jamais les individus.

D'après ce, ne devons-nous pas penser qu'il n'existe d'êtres vivans parfaits que ceux qui sont hermaphrodites et jouissant de la faculté de se procréer sans le secours d'un autre individu ? Partout ailleurs nous ne devons voir qu'une moitié d'individu, auquel il manque un sujet de son espèce pour compléter un véritable individu. S'il est vrai, en effet, que les fonctions génératrices soient toute l'existence aux yeux de la nature, dont nous ne sommes que les dociles instrumens, pouvons-nous considérer comme parfaitement organisé un être incapable de remplir le but de sa création par lui-même. Sa moitié est hors de lui ; il doit la trouver dans la ressemblance d'organisation, les rapports des parties sexuelles, la sympathie, etc., etc. ; et de cette union seule pourra résulter un véritable individu.

Chez les animaux, les sensations délicieuses attachées au contact réciproque des parties mâles et femelles sont les seules causes de leur accouplement. Mais chez l'homme, des sentimens plus nobles président à l'union conjugale : deux âmes sympathisant l'une pour l'autre et visant en commun à la perfection d'une famille reconnaissante et chérie, deux cœurs qui savent se consoler des peines de la vie ou centupler leurs jouissances par leur étroite intimité, les délices d'une conversation pleine de tendresse, les soins affectueux prodigués en cas d'infirmité de l'une ou l'autre moitié ; le plus fort ou le plus fortuné pourvoyant avec générosité aux besoins du plus faible ou du moins riche, une association de talens, de qualités ou de biens formant une masse de moyens susceptibles de conduire au vrai bonheur : tels sont les précieux avantages que l'homme peut retirer d'une union provoquée même par l'instinct vénérien.

Quelle que soit néanmoins, à cet égard, la supériorité de l'homme sur l'animal, nous ne pouvons nous dissimuler que, comme la brute nous ne reconnaissons presque toujours d'autre mobile de nos unions sexuelles que l'attrait de la conformation et de la volupté sensuelle. C'est en vain que nous chercherions à nous dissimuler que nos mariages, les plus selon le cœur en apparence, sont presque toujours le résultat

de notre servile et involontaire obéissance
à la voix impérieuse de nos organes sexuels.
Tout ce qui offre à notre esprit l'idée de la
vigueur, d'une conformation délicieuse et
d'une grande dose de feu nous dompte
toujours à notre insu. La femme ne pourra
jamais se défendre de marquer une prédi-
lection particulière pour la belle stature,
une démarche fière et noble, le courage de
Mars, une poitrine bien carrée une tête al-
tière, ornée d'une nombreuse chevelure,
des yeux pleins de feu, une aimable et pres-
sante galanterie. De même l'homme sera
toujours enthousiaste de rencontrer dans
celle à laquelle il s'unit la prestance et les
grâces de Vénus, une taille supérieure, de
grands yeux vifs et langoureux tout à la
fois, des seins d'une fermeté et d'une résistance pouvant servir d'indice de la perfection d'autres organes secrets sympathisant
avec eux. Or, pour peu que l'on y réfléchis-
se, l'on ne tardera pas à voir que ces qualités dont les sexes se montrent si admira-

teurs ne sont rien autre chose que les
attributs d'une grande vigueur génitale.
Tels sont les individus qui composent notre espèce : ils commencent par se laisser
captiver par les qualités extérieures, et trouvent ensuite dans leurs amours des perfections morales imaginaires dont ils s'empressent d'orner leur idole.

Ainsi, telle est l'influence de l'appareil
sexuel sur l'esprit des faibles humains, qu'ils
se soumettent presque toujours aveuglé-
ment à toutes les inspirations secrètes qui
leur sont suggérées! De là ces alliances bien
conformes aux vœux de la nature, il est
vrai, mais monstrueuses, moralement parlant, lesquelles, après des jouissances d'une
durée éphémère, sont presque toujours
suivies des plus pénibles désordres, si à ces
brillantes qualités physiques ne s'en joignent pas de plus durables, c'est-à-dire
celles d'un esprit juste, d'une âme sensible,
d'un cœur tendre et vertueux.

Les effets sympathiques généraux ainsi

que l'organisation de l'appareil sexuel of--
frent des différences notables chez l'homme
et chez la femme. Aussi devons-nous exposer en deux articles séparés les parties mâles et femelles, après quoi nous parlerons
de l'influence particulière des unes et des
autres, dans le chapitre consacré à la puberté.

ARTICLE PREMIER.

Parties génitales de l'homme.

Le rôle que remplit l'homme dans la
reproduction ne consiste absolument que
dans la préparation et la transmission de
la liqueur propre à féconder la femme. Ce
double travail est confié 1° à des glandes
préparatrices , dites testicules, lesquelles
confectionnent cette liqueur; 2° à deux
canaux dits déférens, qui l'emportent de
ceux-ci à mesure qu'elle se prépare ; 3° à
deux petits réservoirs situés dans le bas-

ventre, au-dessous de la vessie, dans l'intérieur desquels les canaux déférens déposent le sperme, pour qu'il y éprouve une nouvelle élaboration plus propre à la fécondation ; 4° à deux autres canaux situés entre les vésicules séminales et le canal de l'urètre, dans lequel ils transmettent la liqueur fécondante lors de l'éjaculation, et qui sont les conduits éjaculateurs : 5° à d'autres organes destinés à la transmettre dans le sein de la femme, et qui sont le canal de l'urètre et le membre viril. Jetons un coup-d'œil sur chacun de ces organes, ainsi que sur le mécanisme des fonctions spéciales qu'ils sont destinés à remplir.

1° TESTICULES. Les testicules consistent en deux petites glandes ovoïdes situées dans cette enveloppe commune, connue généralement sous le nom de bourses, et qui ont pour usage de puiser dans la masse du sang qui leur est apporté par les artères spermatiques, les matériaux nécessaires à la formation de la liqueur prolifique. L'on observe dans leur intérieur des milliers de vai eaux infiniment déliés, dits seminifères, lesquels pompent la liqueur à mesure qu'elle se prépare, pour aller ensuite la déposer dan les canaux déférens qui n'en sont que la continuation.

Ainsi, l'on connaît maintenant la source de la liqueur fécondante ; l'on voit qu'elle se confectionne dans les testicules ; que ceux-ci sont conséquemment les seuls principes de toute vigueur chez l'homme, et que la castration, ou ablation de ces glandes doit nécessairement entraîner la perte totale de la faculté d'engendrer.

Quoique les testicules ne soient ordinairement qu'aux nombre de deux, l'on a vu des sujets en offrir trois et même quatre, de même qu'on en a vu d'autres n'en présenter nullement ou n'en avoir qu'un. Notons qu'un seul testicule suffit parfaitement à la procréation et que les sujets qui offrent une telle disposition ne s'en montrent pas

moins ardens en amour, quoique l'éjaculation soit moins abondante.

Chez d'autres individus, l'on voit les testicules rester dans le ventre et offrir ainsi
l'apparence d'une parfaite impuissance ;
mais ils n'en jouissent pas moins de la faculté d'engendrer, et sont même beaucoup
plus ardents que les autres, vu la grande
chaleur dans laquelle ces glandes sont continuellement entretenues par le voisinage
des organes internes.

2° CANAUX DÉFÉRENS. — Préparée dans les
testicules, la liqueur séminale n'est encore
que fort peu compacte et à peine propre à
la fécondation ; ce n'est que dans l'intérieur
du ventre qu'elle acquiert toutes les qualités nécessaires à la procréation. Pour cela
les vaisseaux seminifères qui la charrient
vont, par leurs anastomoses successives, se
confondre en deux canaux (un pour chaque
testicule), dans lesquels ils la déposeront
à mesure qu'elle se trouvera sécrétée. Ces
canaux sont les déférens, mot qui dérive de

deferre, emporter. Ils s'étendent des testicules aux vésicules séminales situées dans
le bas-ventre, vers lesquelles ils se rendent
par cette ouverture oblique que l'enveloppe
du bas-ventre présente en bas de chaque
côté, et que l'on peu très bien sentir en suivant le trajet du cordon spermatique des
testicules au ventre. Nous entendons ici par
cordon spermatique cette espèce de faisceau
composé des canaux déférens, des artères
et veines spermatiques, et lequel semble
suspendre les testicules dans les bourses.

3° VÉSICULES SÉMINALES. — Ces réservoirs
du sperme consistent en deux petites poches
membraneuses, en forme de vessies, lesquelles renferment dans leur intérieur la
liqueur séminale à mesure qu'elle leur est
apportée par les canaux déférens, pour lui
faire subir, par son séjour plus ou moins
long dans le bas-ventre, des changemens
infiniment favorables à la fécondation.

D'après ce, l'on voit que c'est de l'accumulation de la liqueur séminale dans les

vésicules spermatiques que résulte toute excitati on amoureuse. C'est de cette partie de l'appareil sexuel mâle que se propage l'irritation vénérienne dans le membre viril et dans tous les autres points de l'économie, en conséquence des nerfs qui établissent entre toutes les autres parties du corps et l'appareil sexuel les liens de la plus intime sympathie.

Si les vésicules séminales sont destinées à perfectionner la liqueur spermatique, comme on n'en peut nullement douter, il s'en suit qu'un homme sera d'autant plus apte à la reproduction, qu'il les videra moins souvent par l'usage du coït. Aussi observe-t-on que les sujets qui se livrent aux plaisirs sexuels d'une manière très abusive ne fournissent qu'une liqueur claire, nullement consistante, sans effet sur la femme et presque toujours impropre à la formation d'un nouvel être.

Cependant, à moins que ces sujets ne se soient épuisés par des excès trop long-temps

continués, il leur suffit souvent de quelques jours de repos pour redonner à la liqueur spermatique toute sa force fécondante première.

4° CANAUX ÉJACULATEURS. —Jusque-là nous
n'avons étudié que les organes qui servent
à la préparation et à la confection de la liqueur spermatique. Ici commence l'étude
de ceux qui sont destinés à la déposer dans
le sein de la femme. En première ligne figurent les deux conduits éjaculateurs, lesquels ont pour usage de transmettre dans
le canal de l'urètre la liqueur fécondante,
d'où elle passera ensuite dans le vagin pour
servir à la reproduction. C'est pour cela
qu'il sont qualifiés d'éjaculateurs, mot dérivé du verbe latin qui signifie, lancer,
darder, éjaculer.

5° MEMBRE VIRIL. —Le membre viril est
essentiellement formé par le canal de l'u-
rètre, c'est-à-dire ce conduit de l'urine,
long de neuf à douze pouces, qui s'étend du
col de la vessie à l'extrémité de la verge, ou

il se termine par une ouverture oblongue dite fosse naviculaire ; le reste ne sert absolument qu'à en favoriser l'action. Le renflement qu'il éprouve en avant porte le nom de gland ou de tête de la verge.

De lui-même le canal de l'urètre n'est susceptible que d'une très faible érection qui serait absolument insuffisante à la dureté qu'il a besoin d'éprouver pour pénétrer dans le canal vaginal et y déposer la liqueur qui lui a été transmise par les deux canaux éjaculateurs. Pour obvier à cet inconvénient, la nature l'a renforcé extérieurement d'une couche spongieuse, susceptible de se dilater fortement à l'approche du sang, de l'admettre dans ses cellules et de déterminer ainsi l'érection, c'est-à-dire cette turgescence nécessaire à la pénétration de cet organe dans le canal sus-nommé.

Cette introduction serait par elle-même insuffisante au but du coït, et les contacts les plus excitans n'auraient pu parvenir à déterminer le passage de la liqueur séminale des vésicules spermatiques dans le vagin, si des organes puissamment actifs n'avaient été placés par la nature dans le membre viril. Ces organes sont les muscles éjaculateurs. En vertu de leur force énergique de contraction, ils se ressèrent sur eux-mêmes, pressent sur la vésicule séminale et font passer le sperme dans l'urètre, lequel, pressé vivement à son tour d'une manière convulsive, le lance au dehors avec une grande force. Telle est l'éjaculation.

L'abondance et la force de l'éjaculation sont des plus favorables à la conception. Les moyens d'obtenir ces avantages, si propres à donner le jour à des enfans sains et vigoureux, sont de n'user des plaisirs sexuels que quand le corps a acquis toute la force dont il est susceptible, de s'y livrer avec une grande réserve à toutes les périodes de la vie, de s'en abstenir dans un âge trop avancé ou trop tendre et dans toutes circonstances où le corps présente un degré tant soit peu considérable de faiblesse ou de débilité.

Le canal de l'urètre, les corps caverneux ou spongieux ainsi que les muscles éjaculateurs, parties constituantes du membre viril, sont recouverts d'une peau fine, laquelle se termine en avant par un prolongement qui est désigné sous le nom de prépuce, mot dérivé de *putare*, qui signifie couper, et de *præ* en avant; parce que dans certaines religions l'on ampute une partie de ce prolongement.

Enfin au-dessous et un peu en arrière du gland, s'offre un petit repli qui a reçu le nom de filet de la verge, à cause de la ressemblance qu'il présente avec celui de la langue.

« Le plus grand nombre des animaux, dit Haller, ce prince des physiologistes, est pourvu d'une partie saillante, qui caractérise le mâle. Les quadrupèdes l'ont en général tel que l'homme; elle est plus petite et moins sensible dans les oiseaux. On la reconnaît cependant dans les grandes espèces, comme dans l'autruche, le casoar, le cygne, l'oie. Il y en a deux et presque quatre dans les serpens, chaque verge y étant divisée comme en deux branches. Les poissons à sang chaud (baleine, dauphin, etc..) ont une verge comme les quadrupèdes. On la voit parfaitement dans le xiphia, le huson, le saumon, etc. Les insectes en sont généralement pourvus, même les plus petits, tels que le ciron et la puce. Dans la classe des vers, les escargots, les vers ronds, les sangsues, le lièvre marin, et plusieurs autres espèces, on en voit distinctement une et même deux.

» Dans les animaux un peu composés, la place de cet organe est constamment au devant de l'anus. Dans les animaux plus simples et dans les insectes, cette place varie. Le limaçon a le pénis au cou ; la demoiselle à la poitrine ; l'araignée, dans un des bras ou dans une antenne.

» Plusieurs insectes ont dans le voisinage du pénis des crocs par lesquels ils s'attachent à la femelle. Le limaçon **a,** outre le pénis, une espèce de flèche avec laquelle il pique l'animal dont il veut jouir.

» La marque caractéristique du mâle dans l'homme, est le pénis et le gland.

» L'action du pénis est de celles que la pudeur semble obligée de cacher ; mais la physiologie ne connaît pas ces réserves ; la nature est toujours sérieuse ; l'organe dont nous venons de parler est celui du plus important de tous ses ouvrages, de la propagation des espèces.

» Le pénis a dû être sans tension dans l'état naturel. L'homme est destiné à mille devoirs incompatibles avec la tension. Il devait acquérir avec facilité une érection sans laquelle la génération deviendrait impossible. La volupté, voix persuasive de la nature, ne naît que dans l'érection, sans quoi la liqueur fécondante n'aurait pu être apportée à la seule place à laquelle elle satisfait au but de la sagesse qui dirige tout.

« Cette érection se fait par l'accumulation du sang dans les parties érectiles et spongieuses du pénis. On a coupe à des animaux l'organe générateur, dans le moment même où il allait s'acquitter de sa fonction, ces parties se sont trouvées remplies de sang. On imite l'érection dans les cadavres en remplissant de ce liquide les cellules spongieuses, soit en pressant les artères qui s'y rendent, soit par une injection.

» Pour les remplir, il faut que le sang s'y porte avec plus de vitesse par les artères, et qu'il en revienne avec moins de facilité par les veines. C'est une véritable inflammation.

» Les causes éloignées de l'érection se réduisent généralement à des stimulus ou excitans. Le plus naturel, c'est l'abondance de la liqueur séminale. Cette cause est visible dans les oiseaux ; le phénomène n'a rien d'obscur dans l'homme même.

» Le besoin est la grande loi de la nature ; la liqueur séminale accumulée, disposée à s'acquitter de sa destination, excite elle-même l'organe par lequel elle doit remplir les vues de la nature. L'usage trop fréquent de l'amour épuise cette liqueur; il enlève en même temps la principale cause naturelle de l'érection : elle serait inutile, dès qu'elle ne peut plus servir à féconder l'autre sexe.

» L'imagination; le souvenir du plaisir; toute association d'idées qui en rappelle les charmes, portent puissamment à l'érection ; elle seule termine toute la fonction naturelle dans le songe.

» L'odeur des parties génitales de la femelle du même genre agit puissamment chez tous les animaux, et toute irritation des parties génitales produit le même effet. La friction du gland et des deux petites collines qui accompagnent l'orifice de l'urètre ; l'irritation de l'urine retenue pendant le sommeil ; la présence d'une matière âcre dans l'urètre ; le frottement des parties voisines ; les médicamens aphrodisia-

tiques ; les commencemens des petits ulcères des membranes muqueuses ; des lave-
mens stimulans, etc.

» Toute convulsion violente dans les ys-
tème nerveux a produit l'érection et l'émission même ; l'épilepsie, l'action de différens
poisons, et surtout de l'opium.

» Il paraît que toutes les causes irritan-
tes agissent à peu près comme dans toutes
les autres parties du corps humain. Le sang
se porte avec force à toute partie enflam-
mée ; elle se gonfle, devient rouge et chaude, et la sensibilité est augmentée à l'ex-
trème. Dans l'érection les mèmes phénomène se font apercevoir.

» Il n'est pas aisé d'expliquer cette puissance locale des nerfs sur les artères ; mais
c'est un fait qui ne saurait être mis en
doute

» Après un certain âge, la vivacité de
leur sentiment est affaiblie, les mèmes causes stimulantes ne produisent plus l'érection, ou n'en produisent que de très fai-

bles. Dès que l'irritation des nerfs cesse, dès qu'une autre idée déplace celle de la volupté, les organes retombent dans leur état naturel.

» L'érection n'est certainement pas une action de la volonté, qui ne saurait ni la produire ni l'empêcher immédiatement. C'est un de ces mouvemens qui résultent du mécanisme du corps animal, mis en jeu par des causes proportionnées.

» Cette érection n'est pas une action bien violente, elle peut durer un temps considérable sans causer d'accidens ; elle n'ôte pas les forces ; elle est l'ouvrage de la santé la plus parfaite ; mais elle n'accomplit pas les desseins de la nature. C'est l'émission de la liqueur fécondante que demande la sagesse qui gouverne le monde, et cette émission ne devient possible que par des efforts bien violens. » Nous continuerons cet intéressant passage de Haller, au chapitre *coït*.

ARTICLE II.

Parties génitales de la femme.

En même temps que l'appareil sexuel de la femme est plus compliqué que celui de l'homme, il excite plus vivement notre curiosité et notre intérêt par les importantes fonctions qui lui sont confiées. C'est chez elle que la nature accomplit les plus beaux mystères de la génération, que prend vie, que s'accroît et que voit le jour un nouvel individu. L'homme, comme on a pu le voir, ne joue qu'un rôle bien peu actif dans les fonctions reproductrices, quoique indispensable à la fécondation, et l'on peut dire qu'il ne va guère au-delà de la volupté, tandis que la femme accomplit réellement seule le grand œuvre de la reproduction.

Comme chez toutes les femelles que nous avons étudiées jusqu'à présent, les élémens des générations futures sont placés dans le sein de la femme, et la liqueur sexuelle de l'homme n'a d'autre destination que de leur transmettre la stimulation vitale indis_ pensable à leur développement. Mais nous reviendrons plus tard sur les preuves de ce mode de procréation.

Les parties sexuelles de la femme peuvent se distinguer en externes, moyennes et profondes, selon qu'elles se montrent plus ou moins avancées dans l'intérieur du corps.. Parmi les externes figure la vulve, laquelle se compose d'un grand nombre de parties que nous allons voir tout à l'heure. Les moyennes sont le vagin et la matrice, dont le premier est proprement l'organe du coït, et le second celui du développement de l'œuf humain. Les troisièmes ou les plus profondes sont situées hors le sein de la matrice, se composent de deux conduits dits trompes utérines, destinés à porter la liqueur séminale de l'intérieur de la matrice vers les deux ovaires (organes remplis

d'œufs, comme nous l'avons dit précédem—
ment, et à transporter ensuite les ovules
fécondés dans le sein de l'utérus.

Quelque nombreux et compliqué que
nous paraisse au premier coup d'œil l'appareil génital de la femme, il sera infiniment
facile à qui que ce soit d'en acquérir une
idée aussi parfaite que possible en faisant
bien attention à la description succincte que
nous allons en donner. Il est très essentiel
d'apporter ici toute l'attention possible ;
car c'est de la connaissance de ces organes
que dépend absolument celle de toutes les
nombreuses questions qui figurent sur la
génération. Une fois ceci bien conçu, il n'y
aura point de question sur cette matière
que l'on ne puisse immédiatement comprendre.

Avant d'examiner en particulier chacune
des parties qui composent l'organisation
sexuelle de la femme, énumérons encore
une fois les différentes pièces qu'elle va présenter à nos études : une externe, c'est-à-

dire apparente, très visible à l'œil, ou la vulve ; 2° deux autres moyennes, dont la première, c'est-à-dire le vagin, part du milieu de la vulve, et l'autre, située au-dessus, est la matrice ; 3° enfin, deux autres, que l'on ne peut nullement sentir avec le doigt, parce qu'elles existent profondément dans l'intérieur du bassin, hors le sein de la matrice, c'est-à-dire les trompes utérines et les ovaires. Tous ces organes sont situés dans une espèce de cavité osseuse, dont il est essentiel d'avoir une idée : c'est le bassin ou cette partie évasée placée entre le ventre et les cuisses. Il est composé de quatre os plats, dont deux sur les côtés et en avant, et deux autres en arrière. Les deux sur les côtés, parfaitement semblables à droite et à gauche, sont les os des hanches, recouverts en arrière par une partie des muscles fessiers, et venant se prolonger en avant et en bas du bas-ventre, où ils forment une petite éminence, recouverte de poils après l'âge de puberté, dite *pubis*. Des deux situés en arrière, l'un est fort grand, placé en haut, et désigné sous le nom de *sacrum*, parce que c'est sur le plan courbe qu'il présente en avant, c'est-à-dire dans l'intérieur du bassin, que repose la plus grande partie des organes sexuels, que les anciens regardaient comme *sacrés :* il est connu vulgairement sous le terme d'os des reins, ou du derrière. Enfin, le second qui est fort petit, se trouve situé au-dessous du *sacrum*, et s'appelle *coccyx*, vulgairement petit os du croupion, queue de coucou. Par leur mode de développement et de réunion, ces quatre os du bassin présentent en bas une espèce de rétrécissement appelé détroit inférieur, et lequel offre environ quatre pouces ou quatre pouces et demi de diamétre, tant transversalement que de devant en arrière. C'est de la grandeur plus ou moins considérable de ce détroit que résulte ordinairement la plus ou moins grande facilité de l'accouchement. Quand il est très petit, c'est-à-dire qu'il n'offre pas plus de deux pouces et demi ou trois pouces de diamètre, l'enfantement devient impossible, et l'enfant ne peut être extrait du corps de la mère que par l'opération césarienne, laquelle consiste, comme l'on sait, à ouvrir les parois du ventre avec l'instrument tranchant, puis celles de la matrice, à l'effet d'y aller chercher le fœtus. Après cette digression indispensable sur le bassin, ou la cavité osseuse qui contient la plus grande partie des organes sexuels de la femme, examinons en particulier chacun de ceux-ci·

1° VULVE. — L'on désigne sous le nom de vulve l'ensemble des parties sexuelles externes de la femme. Elle s'étend du *pubis* au *périnée*, c'est-à-dire à cette espèce de suture située entre les parties naurelles et *l'anus* ou fondement. On y remarque, en procédant de devant en arrière, les objets suivans: 1° le mont-de-Vénus, ou cette saillie qui correspond au *pubis*, laquelle se couvre de poils à l'époque de la puberté; 2° la commissure ou réunion antérieure des grandes lèvres, c'est-à-dire de ces deux replis cutanés et muqueux qui circonscrivent toutes les autres parties externes de la génération, et qui vont se réunir en arrière pour former la commissure postérieure : ce sont ces deux productions qui constituent la partie la plus apparente de la vulve, recouvertes de poils sur les côtés externes, et correspondantes au centre des parties génitales par leur face interne, tapissée d'une membrane lisse que nous examinerons plus tard ; 2° le *clitoris*, mot dérivé du verbe grec kletorizein qui signifie chatouiller, à cause des sensations particulières que les femmes ressentent de la titillation de cet organe : c'est une espèce de tubercule plus ou moins allongé et plus ou moins volumineux, selon les sujets, susceptible d'érection comme le membre viril, avec lequel il présente beaucoup d'analogie, et considéré comme l'organe spécial de la volupté chez les femmes ; 3° le commencement des petites lèvres ou nymphes, qui sont deux replis membraneux plus ou moins saillans, offrant plus ou moins de ressemblauce avec la crête de certains oiseaux, faisant presque toujours saillie au milieu des grandes lèvres, partant des côtés du clitoris et allant se perdre insensiblement vers l'orifice extérieur ou entrée du vagin ; 4° le *méat urinaire*, situé un peu au-dessous du clitoris; entre le haut des petites lèvres, et formant la terminaison du canal de l'urètre , 5° *l'orifice externe du canal vaginal*, ou entrée du vagin, dont nous allons nous occuper tout-à-l'heure ; 6° *l'hymen,* autrement dit sceau de la virginité chez la femme, laquelle consiste en une membrane plus ou moins solide fermant en partie l'entrée du canal vaginal chez les femmes qui n'ont point encore usé du commerce sexuel, et n'ont employé aucune manœuvre, ou éprouvé aucune maladie capables de la détruire.

OBSERVATIONS CURIEUSES SUR LA VULVE, OU PARTIES SEXUELLES EXTERNES DE LA FEMME.

Mont-de-Vénus. — L'on a vu des femmes, dit *Sonnini,* notamment en Égypte, offrir à l'extrémité inférieure du *pubis,* une excroissance de chair informe, tombant au-devant de la vulve et la cachant presque entièrement ; en sorte que dans une telle conformation, les hommes ne peuvent les voir qu'en relevant souvent avec force cette production singulière. Thevenot a eu souvent occasion de faire cette observation chez les Égyptiennes ; et cette espèce de tablier flasque et pendant s'observe presque constamment dans les femmes du Cap-de-Bonne-Espérance, chez les Hottentotes. Une telle monstruosité est fort rare en Europe, cependant l'on sait qu'en 1754 l'on vit à Arras naître une jeune fille qui offrait une semblable excroissance longue de quatre pouces environ et couverte d'une peau semblable à celle du ventre.

Grandes lèvres. —Il n'est pas rare de rencontrer des jeunes filles qui sont nées avec les deux grandes lèvres réunies par leur face interne, au point de ne pouvoir laisser une issue par où puissent s'écouler les urines. De semblables observations furent faites par Boonhuysen, Scultet, Mauriceau, Deventes, Lamotte, Palfyn, Morgagni, et Saviard. J'eus occasion d'opérer il y a huit ans une petite fille chez laquelle ces deux lèvres étaient tellement collées ensemble qu'à peine observait-on la suture de leur réunion, en sorte qu'elle paraissait totalement dépourvue d'organes sexuels, et elle offrit après l'incision convenable de haut en bas, toutes les parties génitales dans la plus parfaite intégrité.

Clitoris. — Cette espèce de bouton offre, comme nous l'avons dit, la plus parfaite analogie avec le membre viril : comme lui, il est susceptible d'érection et siége des sensations les plus voluptueuses. On y voit une portion celluleuse bien caractérisée, se gorgeant de sáng dans les mêmes circonstances que nous avons vues occasionner l'érection chez l'homme; un gland, un prépuce et même deux petits muscles érecteurs; mais il en diffère essentiellement en ce qu'au lieu de présenter un canal parfait comme dans l'homme, il n'offre qu'un trou borgne à son sommet. C'est sans doute particulièrement à cause de cette analogie du clitoris et de la verge qu'Hypocrate considérait la femme comme un homme imparfait.

Le clitoris, que plusieurs médecins ont désigné sous le nom de verge de la femme, acquiert quelquefois une telle longueur que l'on serait tenté de le considérer en effet comme un véritable membre viril. Au numéro huit cent de mon troisième cahier d'observations médicales, figure l'exemple singulier d'une personne du sexe qui me fut amenée par son père en mon cabinet de consultations, le quinze janvier mil huit cent vingt-cinq. Le clitoris offrait environ quatre pouces de longueur et des diamètres en proportions. La jeune fille était âgée à cette époque de seize ans et demi, et dès l'âge de quatorze ans, elle avait manifesté le penchant le plus désordonné non-seulement pour les demoiselles de son âge, mais encore pour les garçons. On l'avait vue séduire un grand nombre de jeunes personnes de la pension où ses parens l'avaient placée, en sorte qu'elle en fut chassée comme un instrument de la plus dangereuse corruption. A peine elle fut rentrée dans le sein de sa famille que, malgré la plus stricte surveillance, elle parvenait sans cesse à s'échapper de la maison paternelle pour aller se livrer à la plus crapuleuse débauche, avec toutes sortes de personnes de l'un et de l'autre sexe.

Les parens prirent le parti de la tenir constamment sous les verrous et de la séquestrer de tout individu, de quelque âge et de quelque sexe qu'il fût. Alors survint une autre genre de débauche moins dangereux pour la société, mais infiniment plus funeste à sa santé : l'onanisme. C'était, ainsi que toutes les femmes adonnées à cette mortelle habitude, sur le clitoris qu'elle exerçait ses meurtrières manipulations, et souvent elle fut surprise dans ces sortes d'excès honteux, sans qu'elle en parut même rougir. Aussi, en très peu de temps ne tarda-t-elle pas à dépérir au point de n'offrir plus que l'apparence d'un squelette ambulant.

Elle était dans cet état de dépérissement lorsque son père vint l'offrir à mon examen, et réclamer de moi quelque conseil capable de la soustraire à la mort prochaine dont elle était menacée.

Loin qu'une telle épreuve et l'état affreux auquel elle était réduite produisissent quelque effet salutaire sur cette malheureuse personne, je fus très surpris de voir que l'examen de conscience n'opéra sur elle d'autre effet qu'une turgescence violente du clitoris et les crispations les plus singulières. J'avoue franchement qu'au premier as-

pect je crus voir dans cette prétendue femme un véritable individu du sexe masculin.
Cependant m'étant assuré de l'existence du
vagin et de la matrice, outre que le clitoris
n'offrait aucun canal dans sa longueur, je
ne tardai pas à prononcer sur le sexe auquel
elle appartenait.

J'ordonnai alors les réfrigérans les **plus**
puissans, auxquels la jeune personne se
soumit de la manière la plus aveugle ; **car**
elle déplorait elle-même les erreurs auxquelles l'entraînait invinciblement sa fâ-
cheuse organisation.

Après six semaines du traitement physique et moral le plus sévère, nul changement
ne s'était opéré, ni dans l'ardeur des désirs,
ni dans les manœuvres pernicieuses dont
elle avait contracté l'habitude. Il semblait
au contraire qu'à mesure que l'on réfrigé-
rait l'économie, le *monstrum horrendum*
n'en acquérait que plus de vitalité et d'ardeur.

Désespérant de pouvoir trouver un re-

mède salutaire dans le régime, les médicamens les plus héroïques, la morale, la religion, la tendresse paternelle et la représen-
tation des dangers imminens que courait la
malheureuse créature, je crus devoir recourir à l'opération que pratiqua le célèbre
Dubois dans une occasion à peu près semblable, et la proposai en effet.

Le père, aux yeux duquel j'exposai la
véritable cause de l'espèce de nymphoma-
nie qui obsédait son enfant, donna immédiatement dans ma proposition; mais elle
révolta au suprême degré la jeune fille, qui
parut alors vouloir persévérer jusqu'au dernier souffle dans la dangereuse carrière où
elle se trouvait lancée.

Vaincue cependant par la vue de la
mort qui allait la frapper, et plus encore
peut-être par l'éloquente persuasion d'un
père qui l'idolâtrait et qu'elle chérissait
d'ailleurs, elle consentit enfin à se soumettre entièrement à toute opération.

Dès l'instant où sa résolution fut prise,

elle manifesta constamment le courage le plus indomptable. Son père me demanda en sa présence s'il était nécessaire de la lier ; prévenant vivement ma réponse, elle lui répondit brusquement que son courage et sa détermination étaient les meilleurs liens qu'elle pût m'offrir, et qu'il n'y avait point de douleur à laquelle pût résister son ardent désir de rentrer franchement dans le sentier de la vertu.

En conséquence, l'ayant fait placer dans une position convenable, je saisis fortement le clitoris à l'aide du pouce, de l'index et du médius de la main gauche, et le retranchai vivement d'un seul coup de bistouri parfaitement affilé. A l'ablation de cet instrument des plus honteux déréglemens succéda une perte de sang fort abondante. Je ne crus devoir y mettre ordre que quand la malade eut perdu à peu près six onces de sang ; car, quoique connaissant parfaitement l'état de marasme auquel l'avait conduite l'excès des pollutions, je pensai qu'une hémorrhagie aussi abondante que possible ne pouvait que produire les plus salutaires effets.

La voyant cependant défaillante et menacée de syncope, je passai rapidement sur le moignon sanglant un bouton d'acier que j'avais eu soin de faire chauffer au feu jusqu'au rouge blanc, et l'hémorrhagie cessa subitement.

Quatre jours après, l'escarre qui était résulté de cette cautérisation s'était entièrement séparée du vif. La plaie suppura quelques jours ; on la pansa avec de la charpie enduite d'une légère quantité de cérat de Galien, maintenue à l'aide d'un bandage convenable, et en moins de neuf jours, la plaie fut parfaitement cicatrisée, sans la moindre apparence de difformité, au moins sensible pour les personns non initiées dans les sciences médicales.

A dater de ce temps, la jeune demoiselle n'offrit plus que des désirs ordinaires à son sexe, et qu'il lui fut conséquemment possible de maîtriser. Le sexe féminin ne lui offrit plus dès lors qu'une invincible répugnance, elle abandonna totalement tout plaisir solitaire, et, rentrée dans le chemin de la vertu, elle épousa un jeune homme de mes connaissances, lequel jusqu'à présent n'a jamais eu qu'à se féliciter de sa modération et de sa parfaite sagesse.

Des monstruosités de la nature de celle que nous venons de faire connaître ne sont rien moins que rares, et nous renvoyons les personnes qui désirent avoir de plus amples détails sur ce prétendu genre d'hermaphrodisme aux ouvrages de Saviard, Petit de Namur, Zacchias, Gaspard Bauhin, Duval. Loff Hager, Bonaciolus, Spondanus, Fodéré, etc., etc.

Nymphes ou *petites lèvres.* —Les nymphes sont composées d'un prolongement de la membrane muqueuse (peau fine interne) qui tapisse les faces internes de l'appareil sexuel, et présentent de plus dans leur intérieur une quantité plus ou moins considérable de tissu spongieux érectile, qui les rend susceptibles d'érection ; aussi n'est-il pas rare de voir la jeunesse exercer sur ces deux espèces de crêtes des pressions et des tiraillemens illicites qui, en même temps qu'ils produisent sur la santé des effets non moins funestes que l'onanisme exercé sur le clitoris, peuvent leur donner une longueur des plus démesurées et des plus monstrueuses. J'ai eu occasion d'observer ce développement excessif des petites lèvres chez un grand nombre de femmes, et presque toutes m'ont avoué qu'elles s'étaient livrées dans leur enfance au genre de manipulation dont nous venons de parler. L'usage fréquent du coït, surtout sans les précautions convenables, en favorise singulièrement l'accroissement ; aussi l'observation démontre-t-elle que, généralement parlant, les femmes offrent ce prolongement membraneux d'autant plus long qu'elles se sont livrées plus inconsidérément aux plaisirs vénériens.

21.

La seule ardeur du tempérament provoquée par des pensées lascives, des lectures incendiaires, un climat brûlant, etc., peuvent aussi produire de tels effets. Notons en passant que ce que nous disons du développement excessif des petites lèvres s'applique aussi au clitoris, lequel est d'autant plus long que les femmes sont plus lascives.

En même temps que l'usage prématuré ou abusif des jouissances sexuelles commence d'abord par donner un grand développement aux petites lèvres, la continuation de ces sortes d'excès finit enfin par les frapper de flétrissure. On sait qu'elles sont naturellement si fermes chez les vierges, que les urines dont elles dirigent le cours ne s'échappent qu'avec une sorte de sifflement, dont il est très-facile aux pesonnes instruites dans les sciences de la génération de saisir la nature et l'indice ; tandis qu'elles sont molles, flasques, pendantes, et sans aucune utilité pour l'éjection des urines chez les femmes très-âgées, et chez les libertines, même à la fleur de l'âge, surtout quand elles ont eu plusieurs enfaps.

Le développement excessif des petites lèvres est surtout fort commun, comme nous venons de le dire, dans les pays très-chauds, et notamment chez les femmes de race noire. Strabon dit qu'elles étaient tellement prolongées chez les femmes de l'ancienne Égypte, qu'il fallait les opérer presque toutes, à cause de la gêne qu'elles apportaient à la marche, à l'acte sexuel, etc. Belon a fait la même observation, et là l'existence de ce fait fut constatée par presque tous les voyageurs dans cette contrée. Cette incommodité est même presque générale dans tous les pays de la brûlante Afrique, et Léon l'Africain nous apprend qu'il est des hommes et des femmes qui n'ont d'autre profession que de pratiquer la circoncision des femmes, c'est-à-dire l'excision des petites lèvres. Ils crient hautement dans les rues, dit-il : *Quelle est celle qui veut être coupée ?*

« Ce qui distingue surtout les Négresses de la race blanche, dit Virey, c'est le prolongement naturel des nymphes, et quelquefois du clitoris, bien moins commun chez les premières que chez celles-ci. Il en est résulté, dans plusieurs pays, la coutume, ou plutôt le besoin de les retrancher. Les jésuites portugais qui portèrent le christianisme en Abyssinie, au sixième siècle, voulurent abolir cette pratique, regardée comme un acte de mahométisme, mais les filles non circoncises ne trouvaient pas de maris, à cause de la longueur gênante de leurs nymphes. Le pape, d'après l'avis des chirurgiens envoyés sur les lieux, autorisa la circoncision, comme nécessaire. »

Voyez, pour de plus amples détails sur ce sujet, Eusèbe, Sanchoniaton, Hérodote, Marsham, Grappiis, Thévenot, Benin, Avicenne, Mathias, Zimmermann, Buffon, etc.

Quoique le genre d'incommodité qui nous occupe soit infiniment plus rare en Europe qu'en Afrique, les médecins de nos contrées

ne laissent pas de l'y observer fréquemment
et l'on peut lire dans Marrinan qu'il opéra
à Paris une Française qui vint le prier in-
stamment de lui faire le retranchement des
deux nymphes, lesquelles, disait elle, l'em-
pêchaient de se livrer à l'équitation, genre
d'exercice qu'elle aimait beaucoup, outre
qu'elle ne pouvoit être vue de son mari sans
éprouver une cuisson des plus insupporta-
bles.

Orifice externe du canal vaginal, ou
entrée du vagin. — L'entrée du vagin n'est
rien autre chose, comme nous l'avons dit
tout-à-l'heure, que la terminaison externe
de ce conduit. Il se présente chez les vierges sous l'apparence d'une espèce de bourrelet charnu, dont les parois sont plus ou
moins immédiatement appliquées l'une
contre l'autre à la face interne, et à peine
pourrait-on distinguer l'ouverture qui doit
donner passage aux règles. De plus, cette
espèce de bourrelet érectile est renforcé par
un muscle très contractile, lequel ferme

hermétiquement l'entrée du canal vaginal sous l'influence de la moindre excitation. Aussi, dans les cas ordinaires, ne peut-on faire pénétrer dans cet organe un corps tant soit peu volumineux, par exemple le doigt, sans éprouver une vive résistance, et sans produire des déchirures avec perte d'une plus ou moins grande quantité de sang, surtout lors de la défloraison. Cependant l'on a vu des femmes n'offrir nullement cette résistance, sans s'être pour cela livrées aux plaisirs sexuels. Ce dernier cas, qui ne serait par soi-même qu'une véritable monstruosité, ne peut être attribué qu'à des maladies de langueur, des pertes considérables, des fleurs blanches abondantes, et surtout la masturbation ou d'autres manœuvres honteuses simulant l'acte naturel.

D'une autre part, que l'on se garde bien de considérer comme vierge toute femme qui rougit la couche nuptiale, quoique ce phénomène forme la présomption la plus heureuse en sa faveur. L'on sait en effet que certaines femmes peuvent conserver dans le constricteur du vagin une force de contraction telle, qu'elles ferment ce canal par le seul acte de leur volonté, au point d'en éprouver des déchirures considérables par l'introduction du pénis ; que d'autres, après un long repos, en fait de plaisirs sexuels, (sans en avoir toutefois usé trop long-temps et d'une manière immodérée), sont susceptibles d'offrir encore à l'homme leur étroitesse originelle ; que d'autres, enfin, sont habiles dans l'art de se donner toutes les apparences de la virginité, à l'aide de puissans astringens. Mais nous ne devons point nous étendre ici sur les signes de la virginité chez les femmes, ayant amplement traité cette question dans nos *Secrets de la Gération.*

2° Vagin. L'on donne le nom de vagin, mot dérivé de *vagina*, qui signifie gaîne ou fourreau, à un canal membraneux et aplati de devant en arrière, lequel s'étend de la partie centrale de la vulve (un peu plus en arrière cependant) au col ou partie saillante et alongée de la matrice ; qui est destiné à livrer passage, d'une part, aux règles ainsi qu'à la liqueur spermatique fournie par le coït, et de l'autre, à l'enfant, lors de l'accouchement, par la grande dilatation dont il est susceptible.

La longueur du vagin est d'environ sept pouces, c'est-à-dire la même à peu près que celle du pénis chez la plupart des hommes, proportions réciproques qui nous fournissent ici une nouvelle occasion d'admirer la haute sagesse de l'ordonnateur de toutes choses. Il y a cependant à cet égard un grand nombre d'exceptions et d'aberrations, que l'on trouvera dans notre VÉRITABLE MÉDECINE, ou Sciences médicales mises à la portée de tout le monde.

Quant à la largeur, elle varie essentiellement selon que les femmes se livrent plus ou moins aux plaisirs sexuels. Naturellement les parois de ce canal sont fortement rapprochées l'une de l'autre, en sorte qu'il n'y a point de canal rigoureusement parlant. Chez les femmes même qui ont fait des plaisirs amoureux l'usage le plus meurtrier, on les trouve encore rapprochées. Mais elles s'écarient avec la plus grande facilité chez de telles personnes, au point de ne pouvoir même exercer sur le pénis la pression nécessaire à l'émission spermatique, sans recourir aux astringens. Tristes effets du libertinage chez les femmes, dont un si grand nombre se trouve inapte à l'accomplissement des vœux de la nature, au printems même de la vie.

Nous trouvons facilement la raison de l'extrême facilité avec laquelle les femmes perdent leur étroitesse naturelle dans la conformation des parois du vagin. En effet les membranes qui le constituent présentent une foule de replis dans les différens points de leur étendue. Or, l'on conçoit aisément qu'ils doivent nécessairement se dédoubler par l'introduction fréquente de corps étrangers, et donner ainsi lieu à une amplitude démesurée de ce conduit. L'on sait même qu'il est susceptible d'offrir une largeur de plus de quatre pouces pour donner issue à l'enfant naissant.

Les femmes savent parfaitement que rien n'est plus susceptible d'inspirer un souverain dégoût pour leur personne qu'une telle flaccidité et qu'une telle amplitude dans le conduit vaginal. Aussi y en a-t-il peu, parmi les libertines, qui ne fassent l'usage le plus continuel d'astringens de toutes sortes. Mais il importe ici de leur donner un conseil très salutaire pour la conservation de leur santé. Les astringens commencent, il est vrai, par produire l'effet désiré, et le soutiennent même pendant un certain temps. Mais bientôt ceux que l'on a employés en premier lieu deviennent inefficaces pour déterminer l'astriction que l'on désire. A ceux-ci il faut en substituer de plus forts, qui ne tardent pas à se montrer également insuffisans, et en réclament à leur tour de plus énergiques encore, et ainsi de suite, jusqu'à ce que la

femme ait épuisé toutes les ressources de
son art criminel. Cependant toutes ces mé-
dications déterminent de jour en jour dans
ce canal un relâchement à jamais incurable ;
d'où abaissement, descente et chute, non
seulement du vagin, mais encore de la matrice, fleurs blanches intarissables, ulcères
sanieux, perversions de l'écoulement menstruel, et l'attirail épouvantable des maux
qui accompagnent de semblables maladies.

Que les femmes donc qui ont été assez
malheureuses pour ne faire de l'une des plus
belles portions de leur économie qu'un
objet de dégoût et de répugnance, loin de
recourir à des artifices capables d'en imposer pendant un très court espace de temps,
suspendent entièrement le cours de leurs
plaisirs. Une continence observée scrupuleusement l'espace de quelques mois ou de
quelques années, s'il le faut, ne pourra
manquer de faire disparaître, sinon totalement, du moins en grande partie, les preuves pénibles de leurs premiers déréglemens.

L'on sait, en effet, que toutes les parties molles distendues, même outre mesure, marquent toujours une tendance des plus prononcées à revenir sur elles-mêmes, dès qu'elles cessent d'être soumises à leurs causes de dilatation. C'est ainsi, comme le remarque le célèbre Buffon, qu'il n'est pas rare de voir des femmes offrir dans un âge même avancé toutes les apparences de la virginité, bien qu'elles se soient livrées aux plaisirs sexuels dans leur jeunesse.

3° MATRICE OU UTÉRUS. Le commencement de la matrice, ou si l'on veut sa portion inférieure et étroite, se sent manifestement dans la partie la plus élevée du vagin, en sorte qu'il est facile de toucher partiellement cet organe par l'introduction du doigt dans ce dernier canal. Voici, en effet, ce que le doigt indicateur rencontre dans ce point : une espèce de morceau de chair plus ou moins dure, formée de deux bords ou bourrelets transversaux, c'est-à-dire l'un en avant et l'autre en arrière, représentant deux sortes de lèvres au milieu desquelles s'observe une petite fente également transversale. Cette portion de la matrice qui fait saillie dans le vagin a reçu le nom de museau de tanche, à cause de la ressemblance grossière qu'elle présente en effet avec la tête de ce poisson.

Si l'on introduit le doigt plus profondément, en avant, derrière ou sur les côtés de cette portion proéminente, l'on voit qu'elle s'élargit insensiblement, à mesure que l'on monte dans l'intérieur du bassin. Cette dernière partie, peu volumineuse elle-même, est ce que l'on appele col de la matrice, c'est-à-dire portion allongée de cet organe; car l'on observe dans ce viscère une autre partie creuse, beaucoup plus grande, qui est proprement la matrice, mais que l'on désigne néanmoins sous le nom particulier de corps de l'utérus, ou si l'on veut, partie large, partie principale.

D'après ce, l'on voit que l'on peut comparer la matrice, pour la forme, à une sorte de calebasse dont la partie principale représente le corps, et la partie étroite, le col.

Cet organe, comme on en peut juger d'après sa situation élevée, se trouve entièrement placé dans la cavité du bassin et correspond à la vessie, en avant; au rectum, ou dernier des intestins, en arrière; aux os des hanches, sur les côtés; à la plus grande portion des boyaux, en haut, c'est-à-dire par son fond; au vagin, en bas, ou si l'on veut par son col, terminé lui-même par le museau de tanche.

C'est dans l'intérieur du corps de la matrice que doit se développer l'œuf humain fécondé par la liqueur spermatique, détaché des ovaires et porté dans la cavité utérine par les trompes.

La cavité interne de la matrice, qui dans l'état naturel contiendrait à peine une fève de marais, présente trois ouvertures : une en bas, laquelle se continue avec le vagin par le canal dit utérin, lequel résulte comme l'on sait du léger écartement que laissent entre elles les parois de cette portion de l'utérus; deux autres dans son corps, c'est-à-dire plus haut et sur les côtés, qui sont les orifices ou commencement des trompes utérines.

4° TROMPES UTÉRINES. — Les trompes utérines, autrement de Fallope, parce qu'elles furent découvertes par cet anatomiste, sont deux petits canaux membraneux et flexueux, longs de quatre ou cinq pouces, s'étendant des côtés de la matrice aux ovaires, près desquels ils se terminent par une portion évasée et découpée en plusieurs sortes de franges, qui lui ont fait donner le nom de morceau frangé ou pavillon de la trompe, et desquelles franges charnues une plus longue que les autres va s'attacher à l'ovaire.

Les canaux utérins de Fallope sont tellement petits, quant à leur diamètre, qu'à peine pourrait-on y faire passer une soie de sanglier. Néanmoins la conception ne

peut avoir lieu sans que la liqueur spermatique les traverse, et ensuite l'œuf détaché
de l'ovaire. D'après ce, l'on jugera facilement de la petitesse des petits œufs de l'o-
vaire et de la facilité avec laquelle ces
trompes sont susceptibles de s'obstruer par
les différentes inflammations auxquelles les
femmes sont exposées, et combien souvent
conséquemment, la stérilité doit résulter
de l'oblitération de ces conduits.

5° Ovaires. — Les ovaires sont deux espèces de glandes situées l'une à droite et
l'autre à gauche de la matrice, présentant
assez de ressemblance avec les testicules de
l'homme, qui les surpassent néanmoins en
grosseur, et composées d'une foule innombrable de petites vessies aqueuses désignées
sous le nom d'ovules, d'œufs, de germes, etc ; parce que c'est de l'un de ces petits œufs que résulte le nouvel être.

CHAPITRE II.

PUBERTÉ, NUBILITÉ.

Si l'on considère l'étymologie du mot puberté, il ne signifiera rien autre chose que cette période de la vie où les parties sexuelles commencent à se couvrir d'une plus ou moins grande quantité de poils. Puberté dérive en effet du verbe latin *pubescere*, qui signifie se couvrir de poils. Mais en réalité nous devons entendre par cette expression l'ensemble de tous les changemens qui s'opèrent dans le garçon et la jeune fille à une certaine période de leur existence, et d'où dépend leur aptitude à la reproduction.

La description des changemens qui s'orpèrent dans les jeunes gens au moment où ils sont appelés à la prérogative de s'éterniser par la reproduction offre une matière des plus vastes et des plus difficiles à traiter :

ce sont les mutations les plus curieuses qui viennent se manifester, non seulement dans l'appareil sexuel, mais encore dans l'économie entière, et même dans les facultés de l'intelligence : c'est le vif sentiment de l'amour à dépeindre ; ce sont de douces illusions à exprimer ; c'est une foule de sensations et de pensées diverses qui ont de quoi étonner l'esprit de tout homme sensible qui pourrait les observer d'un œil philosophique.

Mais comment se représenter dans toute leur perfection la chaleur, la force, la variété, les délices et souvent le désordre des sensations de celui qui se trouve pour la première fois placé sous l'influence du vif sentiment de l'amour. Dans ce moment d'exaltation le jeune homme et la jeune fille, retenus par le sentiment involontaire de la pudeur, cachent avec le plus grand soin toutes les agitations de leur âme, et osent à peine les déposer dans le sein de leurs plus chers amis. De plus comprennent-ils bien d'abord la nature des troubles qui les agitent, et ne sont-ils pas souvent à leurs propres yeux le désordre le plus incompréhensible?

Pour se former une juste idée de tous les effets que cette révolution vient opérer dans toute l'organisation, il serait nécessaire de les observer dans soi-même avec toute l'attention de l'âge le plus mûr et de la plus saine philosophie. Cependant, dès l'instant ou la personne récemment nubile serait capable d'une telle attention, elle ne constituerait qu'une âme froide, insensible, hors d'état conséquemment de concevoir les véritables effets d'une révolution qu'elle n'éprouverait pas elle-même avec de semblables dispositions. Dans le cas contraire, notre âme se trouve à la merci d'une foule de sensations différentes qu'il n'est point à notre portée d'analyser, et dont nous ne pouvons, par conséquent, conserver qu'un souvenir des plus imparfaits et des plus confus. Nous ne pouvons .donc avoir la vaine prétention de tracer ici dans toute

leur perfection les changemens remarquables que vient opérer la puberté dans le
cœur du jeune homme et de la jeune fille.
Cette tâche serait au-dessus de nos forces ;
nous ne nous rappelons pas les effets que
nous avons pu ressentir à cette époque éloi-
gnée, et nous pensons que tous les hommes
se trouvent dans le même cas.

Cependant, il est un nombre d'effets in-
hérens à l'entier développement de l'appareil sexuel dont nous pouvons acquérir une
juste idée. Mais ce ne pourra être qu'en
adoptant une méthode convenable, qu'en
procèdant du connu à l'inconnu, de l'extérieur à l'intérieur, du physique au moral,
et qu'en acquérant une notion parfaite,
non seulement du mode de vitalité de l'appareil sexuel et des mutations dont il devient le siége à une certaine époque de la
vie, mais encore de celui de l'organisme
entier. Tout se lie dans l'économie animale ;
chacune des fonctions se trouve subordon-
née à d'autres fonctions ; le physique tient

le moral sous sa parfaite dépendance, et celui-ci à son tour influence le premier au suprême degré; la moindre action organique se rattache à une autre action plus ou moins importante, et il n'est rien d'entièrement isolé dans la nature de l'homme.

Pour nous former donc de la puberté une idée aussi complète que le comportent nos facultés, commençons par établir le rang que tient l'appareil génital dans l'économie animale, son mode de sensibilité, les influences qu'il reçoit, celles qu'il est susceptible de communiquer.

Le cerveau, comme l'on sait, siége de toutes nos sensations et de toutes les opérations de notre âme, donne le branle à la vitalité générale par le moyen des nerfs, ou organes de la sensibilité, qu'il distribue dans tous les points de la machine vivante. C'est de ce centre commun que proviennent toutes nos sensations, c'est vers lui que toutes vont se perdre. C'est par son influence que le cœur exerce ses battemens, que le sang circule dans ses canaux, que l'homme respire, digère, marche, pense et agit ; dès l'instant où il cesse d'exercer son action sur notre être, nous perdons immédiatement le sentiment et la possession de la vie.

Or, ce puissant excitant de la vitalité exerce l'influence la plus marquée sur les organes de la reproduction, et ceux-ci lui transmettent à leur tour toutes les impressions qu'ils peuvent ressentir. Qui ne connaît les prompts effets d'une pensée érotiques sur ces instrumens de nos jouissances amoureuses, et qui n'a pas été à même d'observer la puissante réaction d'une excitation sexuelle intense sur ce même organe?

En même temps, en effet, que les organes de la génération offrent une structure infiniment délicate, ils se trouvent pénétrés d'une foule innombrables de filets nerveux des plus déliés, lesquels établissent entre eux et le régulateur de la vitalité les liens de la plus intime sympathie.

Si nous nous rappelons, outre cela, que

le cerveau tient tous les organes de l'économie dans la plus étroite dépendance, nous jugerons facilement de la force des liens sympathiques qui doivent unir entre eux l'appareil sexuel et tout le reste du corps.

Tel est le rang qu'occupent dans l'exercice de la vie les organes qui font ici l'objet de nos études. Dès lors quels effets remarquables ne doivent-ils point produire sur l'ensemble de notre être, lorsqu'à l'époque de la puberté ils viennent à ressentir le vif stimulus de la volupté.

A une certaine époque de la vie, que nous verrons bientôt différer chez l'un et chez l'autre sexe, la nature dirige toutes ses puissances d'accroissement et de vitalité vers l'appareil qui bientôt va travailler à la procréation de nouveaux êtres. Cet excès de vitalité locale semble suspendre l'excitation générale, et la vie paraît concentrée dans un seul point de l'économie. En même temps, en effet, que l'appareil reproducteur est le siége d'un travail insolite des plus actifs, la digestion devient plus lente, la circulation moins rapide, la respiration moins forte, l'exercice des facultés intellectuelles moins facile, les sens plus obtus, les mouvemens moins vifs, en un mot, la nature semble suspendre l'accroissement et l'action de toutes les autres parties du corps pour donner un développement plus rapide aux organes qu'elle appelle à une nouvelle vie.

L'appareil sexuel se perfectionne, des fluides éminemment excitans sont sécrétés, un excès de vitalité s'y développe, des mouvemens sympathiques s'en élèvent et se propagent à tous les points de la machine vivante, laquelle reçoit de ce centre de vitalité un excès d'excitation d'où résulte une irritation générale qu'on pourrait qualifier de fièvre inflammatoire génitale. Une tourmente indicible agite le jeune homme et la jeune fille ; toutes leurs fonctions ne s'exercent que d'une manière désordonnée ; les digestions se pervertissent, les mouvemens du cœur deviennent irréguliers ; la respiration se fait avec gène et est souvent entrecoupée, le besoin de changer continuellement de place les poursuit sans cesse ,souvent mme ils ne trouvent de charme que dans la plus profonde solitude; leurs affections ne sont plus les mêmes; ce qu'ils avaient de plus cher au monde devient fréquemment un objet d'indifférence pour leur cœur, et on leur voit manifester des goûts qui leur avaient été jusque là totalement étrangers, et néanmoins à peinese doutent–ilsdu rang auquel la nature va les appeler.

C'est au milieu de ce désordre indéfinissable que les reproducteurs de l'espèce acquièrent tout le développement et toute la chaleur dont ils sont susceptibles. La vulve semble se boursoufler et fait saillie au dehors; les bords externes des grandes lèvres, puis le pubis, ensuite le périné, enfin les aisselles, se revêtent d'un poil plus ou moins nombreux ; le noyau des seins se développe et s'orne des plus brillans contours; le clitoris, les petites lèvres et l'ex-

trémité inférieure du vagin , parties spongieuses et éminemment érectiles, deviennent le siége des sensations les plus singulières; l'on voit paraître quelques gouttes de
sang, et la jeune fille vient enfin prendre
sa place au nombre des femmes.

Des phénomènes analogues s'observent
dans les jeunes garçons : les bourses, le pubis, le périné, la marge de l'anus, les aisselles et le menton s'ombragent d'un duvet
léger; le membre génital, jusque là flasque
et courbé, se gorge de sang et offre le phénomène de l'érection ; des 'mouvements
comme péristaltiques s'observent dans les
bourses; la liqueur se confectionne et se
dépose dans les vésicules séminales; un
rêve suscité par la nature au milieu du
sommeil vient en provoquer l'expulsion au
dehors; la voix mue, devient mâle, et
l'on est tout surpris de voir ce jeune
homme que l'on aurait pu confondre avec
les jeunes filles quelque temps auparavant, venir figurer parmi les personnes

âgées avec tous les caractères de l'homme fait.

Alors l'adolescent et la demoiselle, pour lesquels les phénomènes extraordinaires qui s'opéraient dans leur être étaient un mystère incompréhensible, ne peuvent plus ignorer le rôle auquel ils sont convoqués par la nature. Quelque effort que fassent les parents pour éloigner de leur esprit toute idée voluptueuse, la pensée du plaisir s'attache à leur poursuite. Néanmoins une jouissance purement physique n'est point encore l'objet de leurs recherches et le cœur seul, qui s'ouvre aux sentiments les plus tendres, forme le guide de leurs premières démarches. Jusque là, ils n'avaient vécu que pour eux-mêmes, leurs parents et les jeunes amis de leur sexe. Maintenant la tendresse paternelle et les jeux de l'enfance ne peuvent plus suffire à leur bonheur : leur bien-être se trouve dans un autre individu, et ils semblent sentir qu'ils ne constitueront une existence réelle que par l'union intime de leur corps, de leur âme et de leur cœur, avec un sujet d'un sexe différent du leur. Enfin, deux jeunes gens se rencontrent : les rapports de l'âge et des sentiments les rapprochent, et alors commence la scène de leurs innocentes amours.

Quelles délices offrent à l'étude de l'homme sensible et philosophe les amours de deux jeunes gens qui ne connaissent d'autres mobiles de leurs actions que les saintes inspirations de la nature et de leur cœur ! Nous ne verrons point ici le libertin consommé tendre des piéges criminels à la vertu sans expérience et employer tous les genres d'artifices pour la faire succomber à sa brutale passion. Ce n'est point d'une autre part la coquette corrompue se parant de toutes les apparences d'une fausse pudeur, et étalant un excès de vertu propre à jeter un voile sur la dépravation de son cœur. Nous ne verrons point non plus deux amants également pervertis, faisant parade de sentiments qui leur sont tout-à-fait étrangers, rivalisant d'études finement calculées, de ruses et de détours de tous genres, pour en imposer l'un à l'autre sur les prétendues qualités de leur cœur.

Quoique conduits en réalité par l'attrait du plaisir, nos deux jeunes amants n'en ont point la conviction intime, et ne sont poursuivis que par le besoin de s'aimer. La plus sévère chasteté préside à leurs premières entrevues; ce ne sont d'abord que des jeux et des propos sans conséquence. Un mot, un regard, un soupir, la pression d'une main tremblante, sont pour eux des jouissances qui suffisent à leur bonheur. Ils ne s'approchent qu'avec une crainte respectueuse; ils se dissimulent à eux-mêmes, comme l'un envers l'autre, la nature des sentiments qui les agitent. Et quel long espace de temps il s'écoule souvent avant qu'ils osent se procurer les délices de ce serrement de main !

A mesure que leurs entretiens deviennent plus fréquents, et que le développement sexuel toujours croissant imprime plus de chaleur à leur être, on les voit se rapprocher de plus près; les conversations deviennent plus longues, plus délicieuses, plus intimes; une confiance réciproque et exclusive s'établit entre eux; de douces confidences se font l'un envers l'autre; la main de la jeune fille repose plus long-temps dans celle de son adorateur; celui-ci lui dérobe un tendre baiser, qu'elle semble repousser d'abord, et qu'elle recherche ensuite avec tant d'ardeur; leurs bras s'entrelacent; leurs poitrines palpitantes se serrent l'une contre l'autre avec chaleur; un feu secret les consume; le jeune homme devient téméraire; la jeune fille repousse énergiquement les attaques, et tous deux ne pouvant plus résister à la violence de leurs désirs, décident enfin d'aller goûter des plaisirs légitimes sur le lit nuptial. Là commence l'étude d'une autre scène non moins digne de nos observations que les précédentes ; mais nous ne devons entrer dans ces détails qu'après avoir donné encore quelques éclaircissements sur la puberté considérée en particulier dans les deux sexes.

Jeunes filles qui vous voyez ainsi l'objet des feux les plus ardents d'un zélé adorateur, et qui brûlez vous-mêmes de la même flamme, gardez – vous de jamais céder aux vigoureuses attaques qui pourront être dirigées contre votre pudeur dans la chaleur de vos innocents entretiens. Ne perdez point un seul instant de vue que les jouissances anticipées ont pour résultat ordinaire l'éloignement de celui qui aimait d'ailleurs de l'amour le plus sincère et le plus tendre. Les voluptés sensuelles n'ont souvent pour nous d'autre attrait que les douces illusions de l'espérance ; et à peine l'amant a-t-il triomphé des résistances de sa vertueuse amie, qu'ingrat il l'abandonne pour voler vers une autre victime. Défiez-vous vous-mêmes de votre force et de la fermeté de vos résolutions. Evitez même soigneusement de vous trouver seules avec celui qui a su captiver votre cœur ; la passion qui le domine invinciblement, les sentiments d'amour qui vous animent, la force de votre tempérament, que vous ne soupçonnez peut-être pas, mais qui est susceptible de se développer soudainement dans des instants si périlleux : tout ne conspire-t-il pas contre votre vertu ?

Reine des nuits, dis quel fut mon amour ;
Comme en mon sein les frissons et les flammes
Se succédaient, me perdaient tour-à-tour ;
Quels doux transports égarèrent mon âme ;
Comment mes yeux cherchaient en vain le jour ;
Comme j'aimais, et sans songer à plaire !
Je ne pouvais ni parler ni me taire....
Reine des nuits, dis quel fut mon amour.
Mon amant vint, ô momens délectables !
Il prit mes mains, tu le sais, tu le vis ;
Tu fus témoin de ses sermens coupables,
De ses baisers, de ceux que je rendis,
Des voluptés dont je fus enivrée.
Momens charmans, passez-vous sans retour ?

Daphnis trahit la foi qu'il m'a jurée.
Reine des nuits, dis quel fut mon amour.

VOLTAIRE.

ARTICLE PREMIER.

*Puberté `chez les garçons , liqueur sper-
matique.*

C'est ordinairement de quatorze à quinze
ans que s'opèrent dans les jeunes garçons
les changemens dont nous venons de tracer
une esquisse. Ce qui constitue réellement le
passage de la seconde enfance à l'adoles-
cence est la sécrétion de la liqueur spermatique. C'est l'action stimulante de ce
fluide sur l'appareil sexuel , le cerveau et
tout le reste du corps, qui imprime à l'économie cet excès de vitalité que nous venons
d'observer chez les jeunes adolescents. Porté dans tous les points de la machine vivante , ce fluide devient un puissant excitant de la vitalité , l'appétit e t plus vif,
les digestions plus rapides, la circulation

plus active , les organes mieux nourris , etc. Aussi voit-on le jeune homme grandir alors de plusieurs pouces en très peu de temps.

Cependant , ce ne sera guère que vers l'âge de dix-sept ou dix-huit ans que les organes sexuels auront acquis tout le volume qu'ils doivent conserver toute leur vie ; vers vingt-un ans ou vingt-deux, que les érections seront très durables, et vers vingt-cinq ou trente que les testicules jouiront de toute la plénitude de leur action.

La liqueur spermatique n'est d'abord que peu abondante, peu consistante, et totalement impropre à la reproduction , du moins dans la première année qui suit la puberté , quoiqu'il y ait quelques exceptions à cet égard. Ce n'est guère que vers l'âge de dix-huit ans que le jeune homme peut procréer, encore ne pourra-t-il alors donner le jour qu'à des enfans très faibles ; à vingt-un ou vingt-deux ans, la progéniture ne sera pas encore robuste, et ce ne sera guère qu'au commencement de la virilité, c'est-à-dire vers vingt-cinq ou trente ans, qu'il pourra faire des enfans véritablement robustes. De plus, avant cette époque, les jouissances sexuelles ne peuvent que retarder l'accroissement, s'opposer au développement de la force, affaiblir la constitution et abréger la vie.

Au reste, l'époque de la puberté, la faculté d'engendrer et l'entier développement du corps varient selon les climats, les occupations, le genre de nourriture, la qualité de l'air que l'on respire et les mœurs. Ainsi, les jeunes gens deviennent pubères à neuf ou dix ans dans les pays brûlans de l'Asie et de l'Afrique ; à dix ou onze ans dans les contrées d'Asie et d'Afrique qui touchent à l'Europe ; à onze ou douze ans en Portugal, en Espagne et en Italie ; à douze ou treize ans dans les provinces méridionales de la France ; à treize ou quatorze ans dans les provinces du milieu de la France ; à quatorze ou quinze, dans le nord de notre pays ; à quinze ou seize, en Belgique; à seize, dix-sept ou dx-huit en Danemarck , Norvège, Russie septentrionale, etc., etc. Notons ici qu'il n'est pas très rare de voir la puberté aussi précoce dans les habitants des pays très froids que chez ceux des pays très chauds. Mais nous trouvons la raison de ce phénomène dans l'habitude qu'ont les habitans du cercle polaire de demeurer dans des lieux souterrains maintenus toujours à la température la plus élevée, et où conséquemment les garçons et les filles qu'on y réunit presque toujours pêle-mêle, se trouvent placés dans des circonstances non moins excitantes que ceux des régions brûlantes de l'Asie et de l'Afrique. Abstraction faite de la chaleur des climats , les habitants des grandes villes, ceux qui exercent fortement leur imagination par des pensées de volupté, qui respirent un air très vif, qui usent d'un régime substantiel et stimulant, sent toujours pubères un ou deux ans avant ceux qui se trouvent dans des circonstances contraires. Mais aussi, notons que, règle générale, la vie des individus est d'autant plus courte qu'ils se sont montrés plus précoces à cet égard. — Les réflexions que nous venons de faire sur la puberté des garçons s'appliquent parfaitement à celle des filles.

ARTICLE II.

Puberté des filles. Règles.

L'apparition des règles constitue le signe le plus ordinaire de la puberté des jeunes filles, et elles ne possèdent, généralement parlant, la faculté d'engendrer qu'après l'établissement de cet écoulement sanguin. Néanmoins, il n'est pas rare de voir des jeunes filles devenir enceintes avant l'époque de la menstruation, de même que l'on a vu quelques femmes faire plusieurs enfans dans le cours de leur vie , bien qu’elles n’eussent jamais été réglées. L’on sait que les Brésiliennes ne perdent qu’une très faible quantité de sang, qu’un grand nombre n’en perdent point du tout, et que sur cent Groenlandaises on en trouve à peine une qui soit réglée ; et néanmoins ces femmes n’en sont pas moins fécondes.

Après l’écoulement menstruel vient le développement des seins. Règle générale , les mamelles se développent , grossissent et s’arrondissent à l’époque de la puberté , en sorte que l’on peut considérer comme pubère et apte à la reproduction toute femme chez laquelle s’observe ce changement. Néanmoins l’on voit assez souvent des femmes offrir l’écoulement menstruel et se reproduire , quoiqu’elles soient totalement dépourvues de ces organes de l’alaitement; de même que l’on a quelquefois rencontré des jeunes filles de neuf, de huit, de sept, de six et de cinq ans , même dans nos climats, non seulement avoir des seins parfaitement développés, mais encore offrir assez de lait pour allaiter, bien qu'elles ne dussent être propres à la reproduction que bien des années après. Mais on a fait en même temps l'observation qu'une telle conformation reconnaissait presque toujours pour cause des irritations locales artificielles.

Quoique l'amour des jouissances sexuelles se manifeste généralement chez les personnes devenues pubères, il n'est pas rare de voir des femmes totalement aptes à la reproduction ne ressentir nullement l'aiguillon de la volupté, de même qu'on en voit d'autres éprouver les désirs les plus ardents long-temps avant d'être nubiles. Ainsi, l'on pourrait se tromper en prononçant qu'une femme est nubile ou non, en ne l'envisageant que sous ce seul rapport, du moins pour un grand nombre de personnes.

L'apparition des poils, le développement plus ou moins rapide des nymphes, du clitoris, etc., sont aussi des phénomènes qui accompagnent l'époque de la puberté. Cependant, l'on a vu des femmes très fécondes, non seulement avoir l'appareil sexuel externe très peu développé, mais encore l'offrir parfaitement nu.

Enfin, pour terminer ce qui a trait aux caractères extérieurs pouvant servir à dénoter la puberté et la faculté d'engendrer, il n'est pas indifférent de savoir que l'on a vu souvent des femmes offrir les parties sexuelles externes très développées, des poils nombreux, le sentiment de la volupté très vif, des seins parfaitement conformés, la plus belle organisation extérieure, quoique tout-à-fait stériles ; de même qu'on en a vu d'autres donner le jour à de nouveaux êtres quoique totalement dépourvues de ces caractères. Disons néanmoins, en général, que la femme doit être jugée d'autant plus apte à la reproduction qu'elle offre ces qualités dans une plus haute perfection.

Quoi qu'il en soit de ces exceptions, il

n'en est pas moins vrai que l'on considère généralement comme nubile et apte à la reproduction toute personne qui offre l'écoulement menstruel, en sorte que, première apparition des règles et puberté sont devenues pour tout le monde deux expressions parfaitement synonymes, non seulement pour les personnes non versées dans les connaissances de la médecine, mais encore pour les hommes de l'art. Conséquemment, c'est de la menstruation que nous devons particulièrement nous occuper ici.

L'on sait que l'apparition des règles a lieu chez toutes les nations environ un ou deux ans avant que les garçons soient pubères, et que conséquemment les femmes deviennent plus tôt aptes à la reproduction que les derniers. La raison de cette différence est, ainsi que l'observe Buffon, que l'homme étant naturellement plus grand et plus robuste que la femme, la nature doit nécessairement employer plus de temps à le conduire à son entier développement. En revanche, nous verrons plus loin que celle-ci perd beaucoup plus tôt la puissance procréatrice.

Sans nous occuper des exceptions apportées par le climat, le genre de nourriture, les mœurs, les constitutions spéciales, etc., nous dirons en général, pour ne parler que des habitants de la partie moyenne de notre pays, que les Françaises sont ordinairement réglées de douze à quatorze ans, et qu'elles cessent de l'être de quarante-cinq à cinquante.

L'on entend par règles la quantité de sang plus ou moins considérable que les femmes perdent par le vagin une fois par mois environ. Le vulgaire regarde ce sang comme impur. C'est une erreur; ce liquide ne diffère point essentiellement de celui que charrient les veines, et, à moins que le corps de la femme ne soit infecté de quelque virus ou de quelqu'autre humeur contagieuse, âcre, irritante, il ne peut jamais déterminer la moindre inflammation dans les parties sexuelles de l'homme.

La quantité de sang rendue au retour des règles varie singulièrement non-seulement dans les différents climats, mais encore chez les différentes femmes d'une même nation. Comme on le pense bien, cette quantité de sang doit dépendre de l'abondance de la transpiration et des aliments, des exercices auxquels on se livre et d'une foule d'autres causes physiques et morales inhérentes à la personne elle-même, ou existant dans ce qui l'entoure. Les femmes qui habitent les pays chauds, et qui conséquemment perdent une plus grande dose d'humeurs que les habitantes des contrées septentrionales, ont généralement les règles moins abondantes que ces dernières. De même celles qui ne se livrent à aucune exercice et usent d'aliments très restaurants doivent les offrir non-seulement plus abondantes, mais encore plus fréquentes que les personnes qui se livrent à de grands

exercices et ne se nourrissent que médio-
crement, etc., etc.

Le temps que dure l'écoulement men-
suel est d'environ quatre jours en France.
Cependant, il est des femmes chez lesquelles il existe cinq, six, huit et même
quinze jours, de même qu'il en est d'autres
qui ne voient que deux jours, un seul et
même une demi-journée ; comme d'une
autre part, l'on en voit qui n'offrent ce
flux que tous les deux, trois, quatre, six
mois et plus, et d'autres, enfin, qui en
sont incommodées plusieurs fois dans un
mois.

Ainsi que nous l'avons dit précédemment, ce n'est guère que de douze à treize
ou quatorze ans, et même de treize à quinze pour les paysannes, que les femmes sont
réglées dans les environs de Paris, et la
plus grande partie de la France. Cependant
l'on y en voit non seulement devenir nubiles, mais encore fécondes à onze et même
à dix ans. Nous lisons dans les mémoires

de l'Académie des Sciences l'observation d'une jeune Française qui devint mère à dix ans. Pareillement nous en voyons d'autres n'offrir cet écoulement et tous les autres attributs de la nubilité et de la fécondité qu'à dix-sept, dix-huit, vingt ans et même plus tard. Mais ce sont, dans nos pays, des exceptions rares qui ne détruisent nullement la règle générale.

Au contraire, cette précocité devient générale dans les pays très chauds, et nous voyons les femmes devenir d'autant plus tôt pubères et fécondes que nous approchons plus de la ligne. Ainsi les femmes Belges sont fécondes à quatorze ans ; les Françaises, à treize ; les Italiennes et les Portugaises, à douze ; les habitantes de la Turquie d'Europe, à onze ; celles de la Turquie d'Asie, vers l'Arabie, à dix ; les Indiennes, à neuf. *Mardelshof* rapporte même avoir vu aux Indes une personne dont les seins commencèrent à s'arrondir avant trois ans, qui fut réglée avant quatre, et devint mère à cinq. Une telle précocité nous paraîtrait incroyable, si les voyageurs ne s'accordaient pas tous sur ce qu'ils nous ont transmis relativement à la fécondité des habitantes des différents pays.

CHAPITRE III.

Coït, ou commerce sexuel.

La description de l'acte et des plaisirs qui ont pour but la reproduction de l'espèce humaine est peut-être la tâche la plus difficile et la plus délicate que l'on ait à remplir dans un traité de génération. En effet, trop âgé, l'auteur pourrait-il faire une peinture fidèle des sensations délicieuses attachées au commerce intime des sexes, sensations dont il ne resterait plus dans son esprit qu'un souvenir imparfait et confus ? Dans la vigueur de l'âge, ne se trouve-t-il point exposé à entrer dans des détails que pourraient réprouver la pudeur et les bonnes mœurs? Aussi avouons-nous franchement que nous n'avons abordé ce sujet qu'avec une juste défiance de nous-même. Dans l'embarras que nous offrait un tel cas; nous avons parcouru un grand nombre d'ouvrages d'entre nos auteurs les plus distingués, à l'effet d'y trouver une peinture fidèle et en même temps philosophique de l'acte important de la propagation.

L'un s'efforce d'égayer l'esprit de son lecteur en lui étalant la scène des pensées, des mouvemens et des gestes les plus lascifs, comme si l'acte important de la reproduction ne devait être envisagé que sous le rapport de la volupté. L'autre essaie de décider quel nombre de fois l'homme peut le répéter successivement, comme si la puissance génitale individuelle ne variait pas autant dans les différents sujets que nous trouvons de différence dans leur organisation physique et dans leurs dispositions morales. Un troisième épuise toute sa logique pour décider auquel des deux sexes cet acte procure les sensations plus exquises, comme s'il pouvait être douteux que la nature dût établir entre eux une parfaite égalité sous ce rapport, abstraction faite néanmoins des effets particuliers que doivent produire dans les femmes la délicatesse nerveuse et la vive sensibilité morale dont la plupart sont douées. D'autres agitent des questions plus oiseuses encore, et ne pouvant, pour la plupart, que produire les plus fâcheux effets sur l'imagination ardente des jeunes lecteurs, par les nombreux détails que nécessitent de telles questions.

« Ces détails, au moins inutiles pour la
» science, dit M. le professeur Rostan dans
» son précieux Cours élémentaire d'hygiè-
» ne, ne sont propres qu'à faire naître des
» idées obscènes dans lesquelles se com-
» plaisent des écrivains indignes d'estime,
» idées dont la morale doit s'alarmer, et

» qu'elle doit rejeter avec indignation. »

Aussi ce médecin philantrope glisse-t-il rapidement sur la description physiologique des plaisirs sexuels, tandis qu'il s'attache fortement à signaler les dangers de leurs excès, ceux d'une continence forcée, la conduite à tenir pour ne ressentir que la bienfaisante influence de l'union conjugale et se mettre à l'abri des maladies sans nombre qui peuvent en résulter. « Nous » devons, » dit cet auteur distingué, auquel nous allons emprunter tout ce que nous devons écrire sur le coït, « nous devons » nous borner à examiner dans cet article, » l'utilité de la fonction dont nous par- » lons, les dangers de ses excès et de son » défaut, signaler les maladies qui peu- » vent résulter des uns et des autres, et les » moyens de les prévenir et de les combat- » tre, etc. »

Il n'est point de fonction, soit qu'elle tende au maintien de l'individu, comme la digestion, etc.; soit qu'elle ait pour but

25.

la conservation de l'espèce, comme l'acte sexuel, etc., il n'est point de fonction, dis-je, à l'accomplissement de laquelle la nature n'ait attaché quelque sentiment de plaisir, pour forcer les hommes, par le désir de leur bien-être, à pourvoir à leur propre conservation et à celle de l'espèce.

» Mais, poursuit l'auteur, aucun n'est » aussi vif que celui qui nous invite, qui » nous entraîne au rapprochement des » sexes. »

Cependant ce sentiment ne peut être vif qu'autant que le sujet jouit d'une parfaite santé, qu'il est dans le printemps de son existence, qu'il ne s'est point abandonné d'une manière excessive aux plaisirs sexuels, que les vésicules séminales contiennent une dose suffisante de liqueur spermatique.

« Dans ces circonstances, poursuit l'auteur » précité, il sent le besoin irrésistible de » de se reproduire et de se rapprocher de » sa compagne. »

Pressé par le besoin de la reproduction,

notamment quand l'objet aimé se présente aux désirs, l'homme offre le spectacle d'une excitation locale et générale manifestée par les phénomènes les plus curieux à connaître pour le physiologiste. « Les testicules » sont rouges, gonflés, sensibles au tou- » cher et presque douloureux ; l'érection » indispensable à la réunion des sexes se » manifeste pleine et entière, et il n'est » pas rare qu'un fluide lympide s'échappe » dans cet état et lubrifie l'orifice de l'u- » rèthre. Toutes les femmes nous parais- » sent séduisantes, et si nous aimons, no- » tre femme nous paraît alors pleine d'at- » traits. Son approche fait palpiter notre » cœur ; la circulation s'accélère ; la res- » piration est précipitée et souvent suspi- » rieuse ; une chaleur générale se répand » dans toute l'économie. Toute l'étendue » de notre corps est douée d'une exquise » sensibilité, et ses caresses nous paraissent » délicieuses ; elles font naître des sensa- » tions pleines de volupté. Les yeux sont

» brillants, couverts d'une légère humidité
» si bien décrite par Sapho et Anacréon; et
» quelquefois humectés par de véritables
» larmes ; insensible à toute espèce d'exci-
» tation extérieure, ils se fixent sur celle
» qui doit satisfaire nos désirs. » **Des chan-**
gemens analogues s'observent dans tous les
autres sens, et l'esprit de l'homme amoureux semble entièrement privé de la faculté de s'occuper de tout autre objet que de
celui de ses affections.

La femme partage évidemment la même
exaltation, et elle se manifesterait par
des signes extérieurs encore plus frappants,
si la pudeur qui échut en partage au beau
sexe ne venait imposer un frein à l'ardeur
des désirs qui remuent sa nerveuse et ir-
ritable économie. « Dans cet état, le
moindre contact produit l'effet de l'étincelle électrique, et le sacrifice est consommé. Durant cet acte, toutes les actions organiques s'exagèrent, la circulation se
fait avec violence, la respiration s'accé-

lère, une chaleur brûlante circule dans tout le corps, et souvent une sueur abondante s'exhale de toute sa surface. Cet orgasme se termine par l'éjaculation du sperme, chez l'homme, et d'un fluide muqueux contenu dans les cryptes de ce nom, chez la femme. Cette éjaculation est suivie d'une sensation de volupté difficile à décrire. Des crampes, des convulsions, des cris, une véritable épilepsie, accompagnent quelquefois cette sensation, à laquelle succède un abattement encore plein de charme. »

En réfléchissant sur les effets vraiment surprenants des fluides séminaux sur l'organisme entier, combien n'a-t-on pas lieu d'en admirer la puissante force de stimulation. Quelle énergie physique et morale doivent offrir les personnes qui, par une sage continence, donnent à ces liquides le temps d'aller stimuler vivement le cerveau et tout le reste de l'économie par les effets de l'absorption de ce liquide. Aussi pour nous former une plus juste idée encore des effets pernicieux que doivent produire des émissions trop fréquentes, jetons un coup-d'œil sur les changements qui s'opèrent dans l'organisme, après même un seul acte commandé par la nature. « Cette sur-excitation fait place à une faiblesse d'au-tant plus grande que la jouissance a été plus vive. Celle-ci se perpétue ordinaire-ment long-temps encore après la copula-tion ; elle se propage jusqu'à l'extrémité des doigts. Mais la scène est changée, le pénis est retombé dans son état de mollesse ordinaire, la circulation encore accélérée ne tardera pas à reprendre son état natu-rel, et peut-être de descendre au-dessous. La respiration est déjà ralentie, mais de temps à autre une longue inspiration est suivie d'une prompte expiration. Les yeux sont ternes et abattus; les paupières à demi-closes, la lumière est importune, ainsi que le bruit ; le tact a perdu son exaltation, et le contact de la personne aimée, quoique

voluptueux encore, n'a plus le même attrait ; une tendance au sommeil se manifeste ; la voix est faible et mal assurée ; la
tête tombe sur la poitrine, les bras sont
pendants, etc., etc. »

Il faut cependant convenir qu'il existe
de grandes différences à cet égard selon les
personnes. Ainsi, il en est quelques-unes
chez lesquelles le commerce sexuel semble
au contraire fouetter la vitalité dans ses
foyers et animer d'une nouvelle vie ; celles-
là font assurément les exceptions et nous
fournissent des exemples de la santé la
plus robuste, de la plus louable modération dans les plaisirs sexuels. Chez d'autres,
au contraire, nous observons après le coït
une débilité infiniment plus grande encore
que vient de le dire M. le professeur Rostan. On en voit qui sont tellement affais-
sées après l'accomplissement du devoir
conjugal, qu'elles ne sauraient se livrer à
aucun exercice physique ou moral, sans
avoir rappelé leurs forces par un sommeil

réparateur, des aliments restaurants et une dose plus ou moins grande de vin très généreux. Ces effets s'observent particulièrement chez les sujets avancés en âge, ou dont la constitution a été affaiblie par de grands excès en amour, en fatigues, en études, par des privations de toutes sortes, etc., etc. Cependant j'ai vu des jeunes gens, parfaitement bien portants, offrant même une excellente organisation sexuelle ; une pente prononcée aux plaisirs de l'amour, beaucoup de modération dans leur usage, chez lesquels l'acte de la reproduction produisait un tel affaissement général et un tel vide dans l'âme, un tel malaise universel et un si grand dégoût de la vie qu'ils se sentaient comme irrésistiblement entraînés à diriger dans ces pénibles instants, des armes de fureur et de désespoir contre leur personne.

Parmi les effets succédant à la satisfaction du besoin de la reproduction, il en est un qui mérite surtout d'être signalé, com-

me l'un des plus généraux et des plus con-
stants; c'est le dégoût presque insurmontable qui s'empare de l'homme presque immédiatement après l'accomplissement de
l'acte propagateur. Cette belle personne
du sexe qui, il n'y a que quelques instants,
portait l'incendie dans tous les points de
notre être, par un seul de ses regards et de
ses gestes; cette personne dans laquelle
nous trouvions réunies toutes les beautés
et les perfections de la nature; cette vertueuse personne aux pieds de laquelle nos
genoux étaient fléchis et que nous adorions
comme la reine du monde; celle pour laquelle nous aurions couru les plus grands
dangers et sacrifié même notre vie dans
l'excès de notre exaltation amoureuse,
maintenant qu'elle s'est prêtée à la satisfaction de nos désirs, ne forme plus pour
nous qu'un objet de la plus froide indifférence, et souvent même d'une répugnance
invincible. Notre plus pressant besoin semble être de nous arracher de ses bras et de

nous soustraire à ses carresses. C'est en vain que nous cherchons à dissimuler; notre éloignement éclate indépendamment de notre volonté. Plus de paroles tendres et flatteuses, plus de soumissions, plus d'attrait, plus de beauté. Un voile épais semble tomber tout-à-coup de nos yeux, et nous nous trouvons souvent fort étonnés de ne rencontrer qu'une laideur répugnante dans celle qui s'était d'abord présentée à nos yeux comme la plus belle et la plus enchanteresse des femmes.

Cependant nous nous éloignons. Le sommeil, la nourriture, le temps pourvoient à la préparation d'une nouvelle dose de liqueur spermatique, principe de tout désir et de toute volupté sensuelle. Alors, nouveau tourbillon d'erreurs et d'illusions, nouveau bandeau devant les yeux : la femme reprend ses titres à plaire, nous la retrouvons belle et attrayante, et commençons à faire brûler un nouvel encens de volupté devant ses autels, pour lui marquer bientôt la même froideur , et lui manifester encore les mêmes feux après un temps plus ou moins long de repos. O faiblesse de la nature humaine ! O incohérence de pensées , de goûts et de conduite !

Disons néanmoins que de tels effets ne s'observent dans leur entier que chez les sujets parmi lesquels les sentiments du cœur ne jouent aucun rôle et qui ne connaissent d'autre mobile de leurs amours que la passion purement brutale. Combien il en est autrement parmi deux époux que l'estime, la sympathie et la vertu ont réunis ! Alors , plus de dégoûts ; toujours le même plaisir à se voir et à s'entendre ; même intimité, même bonheur, même expression du cœur hors comme pendant les amours. Quelle différence , en effet, entre cette femme impudique perdant souvent tout sentiment d'honneur par la seule raison qu'elle a su étouffer la voix puissante de la pudeur, cette belle vertu dont la

perte totale entraîne presque infailliblement celle de toute probité et de vertu ;
quelle différence , dis-je, entre cet instrument perverti de volupté , et une épouse
chaste, tendre, ne trouvant le bien-être que
dans l'accomplissement de ses devoirs; nous
aimant pour nous seuls et le bien-être de la
famille , et volant toujours du cœur le plus
aimant au-devant de tous nos besoins et de
nos plus faibles désirs !

Nous avons observé que la polygamie et
l'inconstance ont toujours offert beaucoup
de charmes aux hommes de tous les temps
et de tous les pays, et cependant chacun
sait qu'il y a toujours plus de chances de
parcourir la carrière de la vie heureuse-
ment dans la monogamie , la constance, la
fidélité . l'union conjugale, etc. Or, comme il n'est point naturel que l'on agisse en
opposition à ses intérêts et à son bonheur,
nous devons penser qu'il existe une cause
bien puissante de ces goûts diamètralement
contraires aux vœux de la nature. Il me

semble avoir connu cette cause, et voici comme je l'explique.

Les hommes réunis en société trouvent souvent dans les fruits de la civilisation même les causes de leur destruction. Une nourriture succulente, des vins généreux, des épices préparés avec art, la lecture des romans et autres ouvrages incendiaires, les spectacles, la coquetterie, les sociétés, les peintures et gravures lascives, les lois même prohibitives de certains actes, qui n'en présentent que plus d'attrait, tendent nécessairement à donner une grande précocité au jeu des organes sexuels, à irriter les passions, à prédisposer aux plus grands excès.

Soumis à tant de causes stimulantes, les sexes se livent aux plaisirs amoureux long-temps avant que le corps ait acquis toute la force nécessaire pour en soutenir la fatigue. De là cet excès de relâchement physique et moral qui suit nécessairement l'acte sexuel. De là aussi le dégoût qui s'empare involontairement des sujets immédiatement après la satisfaction des besoins.

L'homme peu disposé à réfléchir, surtout dans la saison des amours, ne peut attribuer la cause de sa faiblesse et de ses dégoûts au manque de ton de son organisation, à la prématurité de ses jouissances, à ses excès, et se trouve naturellement porté à la chercher dans les imperfections de l'objet qui vient de se montrer sensible à ses feux. Une nouvelle personne lui offrira sans doute plus de charmes, sans lui présenter les dégoûts de la première. On la cherche, on la trouve, on la poursuit, on l'obtient ; mêmes dégoûts, même nécessité d'en rechercher une troisième, qui ne diffère pas de la seconde ; et ainsi de suite jusqu'à ce que les excès ou les ravages du temps aient mis un terme à la puissance virile. Les femmes se trouvent à peu près dans le même cas, quoique dans un degré inférieur, du moins en apparence et par la contrainte à laquelle ces êtres souples savent se condamner.

Cependant, il n'est pas rare de voir certaines femmes fixer les hommes les plus inconstants; mais elles n'y peuvent parvenir que par des qualités que ceux-ci n'ont pu trouver dans les autres créatures de leur sexe. Or, parmi ces qualités, la modération, la retenue, la pudeur la plus sévère, une feinte constante de ne trouver de charmes que dans l'expression de l'amour moral, une résistance convenablement soutenue à chaque attaque, la manifestation d'une répugnance invincible pour des plaisirs qui ne seraient point offerts par un objet adoré, une fine coquetterie, tant au physique qu'au moral, et surtout une variété perpétuelle de pensées, de réflexions, de gestes et même de manières d'être, qui fassent que l'homme puisse trouver un grand nombre de femmes dans une seule, tiennent le premier rang. Toute personne qui ne réunira point ces précieux avantages ne saurait

parvenir à s'attacher pour toujours le cœur
d'un époux, fût-elle la plus vertueuse de
son sexe. L'art, dans l'état de civilisation,
est aussi indispensable aux femmes que la
vertu même. Mais nous devons borner ici
des réflexions que revendique l'art d'aimer. Quant aux préceptes hygiéniques relatifs à l'acte du mariage, nous les avons
amplement exposés dans nos secrets de la
génération.

CHAPITRE IV.

Fécondation du germe, ou conception.

Le mécanisme de la formation première
de l'homme présente une question de physiologie pleine d'intérêt sur laquelle s'exer-
cèrent les plus grands génies tant de l'anti-
quité que des siècles modernes, et à
laquelle le public accorda toujours un degré
d'attention supérieure à celle qu'il manifes-

te ordinairement pour les autres sujets d'histoire naturelle. En effet, rien de plus curieux à connaître que les systèmes et surtout les expériences auxquelles les savants eurent recours pour expliquer une fonction sur laquelle la nature semblait avoir jeté un voile impénétrable. La plupart se sont, il est vrai, livrés sur ce sujet à des hypothèses pleines d'absurdités; néanmoins chacune d'elles présente à l'esprit de l'observateur quelque vérité digne de toutes ses méditations. L'on pense bien que ce ne pouvait être que par une série de découvertes souvent accompagnées d'erreurs qu'il était possible de résoudre la plus vaste, la plus attrayante et la plus mystérieuse fonction de toutes celles dont l'économie animale est le théâtre.

Platon pensait que la reproduction de l'homme comme celle de presque tous les êtres vivants ou inanimés, a lieu par des simulacres réfléchis et par des images extraits de la divinité créatrice, lesquels, par

un mouvement harmonique, se sont arrangés, d'après les propriétés des nombres,
dans l'ordre le plus parfait. C'est dans l'unité d'harmonie du nombre trois que ce
grand philosophe fait consister, comme
l'on voit, l'essence de toute génération.
Celui qui engendre, c'est-à-dire le père,
forme le premier nombre ; l'être dans lequel s'opère la conception, le second nombre ; celui enfin qui en résulte, c'est-à-dire
l'enfant, constitue le troisième nombre et
vient établir l'harmonie parfaite du nombre trois.

L'opinion de Platon renferme, sous l'apparence du vide, deux vérités philosophiques du plus haut intérêt : la première,
que toute génération émane de la Divinité
même, qu'elle seule, par une suite éternelle de véritables miracles, préside au
maintien et au renouvellement du monde
vivant, et que l'homme, conséquemment,
n'est dans le phénomène de la reproduction qu'un instrument aveugle de la haute

sagesse qui gouverne l'univers ; la seconde, que la génération ne peut s'effectuer que par un mâle qui fournit certains principes à la femelle, dans le sein de laquelle se développe le nouvel être ; et en effet, c'est ce qui existe généralement non seulement dans l'espèce humaine, mais encore dans les animaux et les plantes.

Epicure fait consister l'origine de l'homme dans le mélange des liqueurs fournies par l'un et l'autre sexe, lesquelles, mises en contact dans les parties sexuelles de la femelle, s'y animent, s'y développent et se changent en des individus semblables à ceux qui les ont fournies. Il est en effet bien démontré maintenant que la reproduction ne peut avoir lieu dans l'homme et la presque totalité des êtres animés sans l'action réciproque de la liqueur fécondante du mâle et du principe de génération fourni par la femelle.

Lucrèce et un grand nombre d'autres philosophes ont reconnu toute la vérité de cette doctrine. Ce grand poète nous la fait connaître en ce peu de mots :

Et commiscendo, cum semen forte virile
Fœmina commulsit subita vi, corripuitque,
. . . .
Semper enim partos duplici de semine constat.

(De natura reram.)

Lucrèce, plus observateur de la nature et moins adonné que ces prédécesseurs au vague des abstractions métaphysiques, a enrichi cette belle doctrine de plusieurs observations dignes des siècles les plus éclairés. La première, c'est que les liqueurs fournies par l'un et par l'autre sexes contiennent tous les élémens du nouvel être vivant, que la mère, dans le sein de laquelle celui-ci se développe, ne fait que fournir les matériaux nécessaires à l'accroissement des points animés résultant de leur mélange convenable; et nous trouverons en effet une preuve frappante de cette vérité dans le développement du germe des oiseaux, c'est-à-dire des œufs fournis par l'ovaire et fécondés par la semence du mâle, lesquels contiennent tellement tous les principes de l'organisation parfaite du nouvel oiseau, qu'on parvient à les faire éclore, sans le secours de la mère, c'est-à-dire par le seul moyen d'une chaleur artificielle convenable, comme celle du fumier, un four élevé et maintenu constamment à la température de trente-huit degrés.

La seconde, c'est que les parties analogues des principes constitutifs du nouvel être se réunissent pendant l'acte du développement du germe, en vertu des effets de l'attraction, ou plutôt de la sympathie animale qui les attire l'une vers l'autre. Ainsi, toutes les molécules des artères se recherchent mutuellement pour opérer la formation de ces vaisseaux ; celles des muscles en font autant pour constituer ces organes actifs du mouvement, et ainsi de même de toutes les parties constituantes de l'organisme. Ces particules, comme les organes qui en résultent, prennent le nom de similaires. Nous verrons plus loin cette belle doctrine développée par le célèbre Buffon avec quelques modifications.

La troisième est relative à la ressemblance des enfants avec leurs parents. Ce philosophe pense que celui des deux sexes qui fournit une liqueur plus active et plus abondante doit nécessairement l'emporter sur l'autre, quant à ce qui a trait à la ressemblance. D'après ce, le sexe le plus vigoureux, du moins quant à la puissance génitale, qui est ordinairement fort analogue à la force générale de l'économie, verra toujours ses enfants lui ressembler; si au contraire le père et la mère offrent une force égale, les enfants tiendront de l'un et de l'autre pour la ressemblance.

Hippocrate admet la doctrine de Lucrèce, et l'enrichit à son tour des réflexions suivantes :

1° La semence est fournie par toutes les

parties du corps et notamment par le cerveau. Nous devons bien penser, en effet, que si les principes de la génération renferment ceux de notre organisation entière, la semence doit être considérée comme un véritable extrait de toutes les parties du corps, comme une miniature d'organisme entier, qu'on me pardonne cette expression. Quant à l'opinion énoncée que la liqueur séminale est produite par le cerveau, d'où elle s'écoule par l'échine vers les reins et les parties sexuelles, elle sert du moins à nous faire connaître les rapports intimes de la sympathie établis par la nature entre les organes de la pensée et ceux de la reproduction, sympathie si bien observée par ce grand médecin.

2° Comme Lucrèce, il pense que la ressemblance des enfants avec le père ou la mère dépend de la plus ou moins grande quantité de semence fournie par l'un ou par l'autre, ou ce qui revient au même, c'est la force qui doit l'emporter ici.

3° Le mâle résulte toujours, dit-il, du mélange de deux semences également chaudes et fortes, tandis que la femelle est produite toutes les fois que le père et la mère ne fournissent qu'une liqueur faible et peu abondante. L'on voit que cette opinion est loin d'être dénuée de tout fondement ; en effet, n'est-il pas naturel de conclure que les effets ne peuvent être que fort analogues aux causes. Or, n'est-il pas constant que le sexe mâle l'emporte généralement en force et en vigueur sur le sexe féminin ? Au reste, nous reviendrons sur cette opinion.

4° Le mécanisme de la conception est ainsi expliqué par le père de la médecine. La semence de l'homme et de la femme se pénètrent mutuellement et se transforment en de nouveaux êtres dans le sein de la matrice. D'abord ce mélange, absorbant la chaleur, principe de toute fonction organique, ne tarde pas à passer de son état de fluidité à une certaine consistance. Pénétré d'un excès de chaleur et de vitalité, le germe en laisse échapper une partie par l'effet de la transpiration insensible; d'où la formation d'une pellicule arrondie, enveloppant le germe, et résultant de la condensation des vapeurs de cette transpiration. Cependant en même temps qu'il se débarrasse de cet excès de chaleur et de vitalité, il reçoit toujours de la mère un nouveau principe de vie, ce qui établit les premiers rapports vitaux de l'être animé avec celle-ci.

La première pellicule, ou membrane tendre, qui entoure le point animé, et qui plus tard formera l'enveloppe générale du corps, c'est-à-dire la peau, laisse à son tour échapper des fluides vaporeux, d'où résultent, d'une part, la formation d'une autre enveloppe, ou sac membraneux; de l'autre, celle d'un fluide plus ou moins limpide, dans lequel nage l'embryon, et qui est soutenu dans la cavité de ce sac. Dans un des points de ce sac se développe

27.

une troisième partie accidentelle , laquelle est molle , spongieuse , adhérente d'une part à la matrice , dont elle reçoit une dose plus ou moins considérable de sucs nourriciers , de l'autre se prolongeant jusqu'à l'ombilic du fœtus , par le moyen d'un prolongement fort long et qui n'est rien autre chose que ce que nous avons fait connaître sous le nom de cordon *ombilical*, lequel cordon a pour usage, comme l'on sait, de porter dans le corps de l'être croissant les fluides nécessaires à son développement, fluides nourriciers fournis par le sang menstruel. Ainsi l'on voit que la doctrine d'Hippocrate ne diffère pas essentiellement de celle des physiologistes modernes, et que ce savant médecin sera toujours admiré pour l'esprit juste d'observation qu'il sut montrer dans des temps que nous sommes souvent tentés de considérer comme des temps d'ignorance.

Aristote, tout en admettant que la femme éprouve une sorte d'éjaculation pendant le coït, croyait que les liqueurs qu'elle fournit ne sont point essentielles à la reproduction, que le mâle seul fournit les principes du nouvel être, et que la femme n'a d'autre mission à remplir dans la fonction reproductrice que de fournir à ces principes mâles les matériaux nécessaires à leur développement, matériaux qu'il regarde, avec Hippocrate, comme résidant dans le sang menstruel. Mais nous démontrerons bientôt combien la première de ces deux opinions est erronnée, en rapportant les expériences concluantes qui ont été faites sur les fonctions des ovaires, organes dont Aristote ne pouvait connaître les véritables usages dans le siècle où il écrivait.

Averroës, Avicenne et plusieurs autres philosophes ont adopté le système d'Aristote, tandis que le plus grand nombre des médecins embrassèrent l'opinion d'Hippocrate. Jusqu'au renouvellement des lettres, les philosophes, les naturalistes, les médecins ont été à peu près également partagés d'opinion entre le système d'Hippocrate et celui d'Aristote. Pendant environ deux mille ans après, temps pendant lequel l'esprit humain sembla rétrograder, l'on ne vit aucun physiologiste essayer d'élever une nouvelle doctrine sur la ruine de celle de ces deux grands hommes, que tous respectaient comme des autorités infaillibles qui avaient poussé la science aussi loin que le comporte l'étendue de l'esprit humain.

Enfin, à l'époque du renouvellement des sciences, nous vîmes surgir des hommes supérieurs disposés à secouer le joug honteux de l'autorité, et à ne baser des doctrines que sur des observations concluantes et l'empire de la raison; comme pour toutes les autres branches de la philosophie, des esprits observateurs firent des recherches approfondies sur les organes sexuels et les fonctions qui leur sont dévolues.

Les dissections anatomiques ne tardèrent

pas à faire découvrir sur les côtés de la ma
trice deux organes blanchâtres, renfermant
des vésicules rondes remplies d'un liquide
ressemblant à celui des œufs des oiseaux.
Dès lors on ne les considéra plus comme
des testicules féminins, mais bien comme
de véritables ovaires, absolument semblables, pour leurs usages, à ceux que l'on
avait observés de temps immémorial dans
la classe des oiseaux. Ce fut Sténon qui sou-
tint le premier cette analogie; et les belles
expériences de Van Horn, de Graaf, d'Har-
voy, de Malpighy et de plusieurs autres
physiologistes distingués, ne tardèrent pas
à venir confirmer l'opinion de cet habile
anatomiste.

Jusque-là, l'on n'avait cependant conclu
que par l'analogie et le raisonnement de la
ressemblance de la reproduction chez
l'homme et les oiseaux. C'est dans le sein
de la matrice que se développe le nouvel
être; comment les ovaires, situés hors le
sein de l'utérus pourront-ils déposer dans

la cavité de cet organe l'œuf d'où doit résulter ce nouvel individu ? Ce moyen de communication dut naturellement se présenter à l'esprit dans l'existence des trompes utérines, canaux découverts par Fallope, lesquels établissent évidemment une communication entre les ovaires et la matrice.

L'on a désigné sous le nom d'ovaristes les physiologistes qui ont vu dans les ovaires les principes du nouvel être. Telle est la manière dont ils nous rendent compte du mécanisme de la fécondation et de la conception.

Déposée dans le vagin par l'acte du coït, la liqueur spermatique, ou au moins l'*aura seminalis* (partie volatile de ce fluide) se trouve absorbée par la matrice, dans le sein de laquelle elle pénètre par l'orifice que cet organe présente dans sa partie inférieure. Soumise à l'action stimulante de cette liqueur éminemment active, la matrice devient le siége d'un excès de vitalité qui se communique à tout le reste de l'appareil sexuel. Les trompes, naturellement flexibles, se redressent à l'effet de recevoir la liqueur spermatique, laquelle y pénètre en effet par les deux orifices qui font communiquer ces deux canaux avec l'intérieur de l'utérus.

De même que la matrice, par une espèce d'attraction vitale que l'on pourrait comparer à celle de l'aimant à l'égard du fer, de même, dis-je, que cet organe a su pomper la liqueur spermatique, de même nous allons voir les ovaires éprouver la même sympathie pour la liqueur séminale introduite dans la cavité des trompes utérines. Au moment où ce fluide arrive à l'ovaire, l'on voit en effet la trompe ou partie évasée des canaux qui nous occupent s'appliquer contre ce corps, à l'effet de faciliter l'action de ce fluide sur un ou plusieurs des ovules qu'il contient dans son sein.

L'ovule fécondé devient le siége d'une

vitalité nouvelle qui fait qu'il se gonfle, crève l'enveloppe commune, et se détache de l'ovaire. Alors la partie évasée ou portion frangée de la trompe utérine est toujours appliquée contre l'ovaire, à l'effet d'en favoriser le passage dans le sein de la matrice. L'ovule, en effet, enfile ce canal et vient tomber dans la matrice pour s'y développer à peu près de la manière que nous l'avons vu en lisant la doctrine d'Hippocrate sur la génération, développement sur lequel nous serons au reste forcés de revenir bientôt.

Telles sont les principales preuves que nous avons à faire valoir en faveur de la doctrine *omnia ex ovo*, c'est-à-dire, toute génération ne peut avoir lieu que par l'existence et le développement d'un œuf.

1° Nous avons vu précédemment que la génération dans les végétaux, les insectes, les poissons, les reptiles, les oiseaux et tous les animaux n'a évidemment lieu que par des œufs qui ne demandent que l'im-

prégnation des liqueurs mâles pour éclore.
Pourquoi supposer que la nature ait voulu
employer d'autres procédés pour l'homme
que pour les mammifères? Ne savons-nous
pas que cette mère commune se plaît toujours
à employer les mêmes moyens pour parvenir
aux mêmes résultats, que les fonctions vi-
tales sont les mêmes dans tous les êtres vivants, en un mot que la vie est une chez
tous les êtres qui en sont doués?

2° Jamais la nature ne créa rien en vain;
tout dans l'économie remplit une action
plus ou moins essentielle à la conservation
de l'individu et à la propagation de l'espèce. Nous trouvons dans la femme des
organes contenant de véritables œufs comme dans les oiseaux, une communication
directe de ces œufs avec la matrice; pourquoi cet appareil est-il rigoureusement
semblable à celui des oiseaux, si elle ne
doit point se reproduire de la même manière que ces animaux ? Pourquoi, par l'effet d'une imagination vagabonde et le dé-

sir de se singulariser, chercher à établir à cet égard des distinctions pour l'homme, lorsque tout démontre que la nature le soumit aux mêmes lois qui régissent tous les êtres vivants? Que l'on ne s'imagine cependant point que nous n'ayons que des preuves morales à offrir en faveur de la doctrine des ovaristes; celles-ci pourraient être récusées; mais en voici d'autres bien autrement concluantes.

3° La liqueur séminale fut trouvée dans la matrice, les trompes utérines, et même à la surface des ovaires de différentes femelles qui avaient été tuées après la copulation. Dans ces expériences, on voyait manifestement les trompes utérines rétrécies et leur partie évasée appliquée contre l'ovaire. Peu de temps après la conception, l'ovaire présente une petite cicatrice résultant du détachement de l'ovule. Enfin, si l'on ouvre l'animal au moment même de l'imprégnation des ovaires, l'on y aperçoit un ou plusieurs ovules tuméfiés et se disposant à se détacher du centre commun pour aller descendre dans la matrice par les trompes utérines.

4° Toute femme, comme toute femelle des mammifères, est à jamais stérile, si elle est privée des ovaires. L'altération plus ou moins considérable de ces organes produit absolument le même résultat. L'obstruction des trompes utérines entraîne la même stérilité. Toute femelle que l'on a ouverte à l'effet de faire la ligature des trompes utérines devient également tout-à-fait impropre à la reproduction.

5° Si l'on va faire la ligature des trompes utérines peu de temps après l'imprégnation de l'œuf, et avant qu'il ait eu le temps de descendre dans la matrice, l'on voit les petits se développer dans la portion de ces trompes séparée de la matrice par la ligature.

6° Lorsque l'œuf fécondé ne peut parvenir à rompre la membrane commune pour se porter dans l'intérieur de la matrice , il se développe dans l'ovaire même, ainsi qu'on l'a observé tant de fois non seulement dans les femelles des mammifères , mais encore dans celle de notre espèce.

7° S'il arrive que la partie évasée de la trompe utérine ne s'applique point suffisamment contre l'ovaire , l'œuf fécondé ne pouvant trouver un chemin pour aller se développer dans le sein de la matrice, tombe dans la cavité du bas-ventre, où il se développe, et d'où l'on ne peut l'extraire que par une opération analogue à celle dont nous avons déjà parlé sous la qualification de *césarienne* , comme il arrive au reste dans tous les cas de grossesse *extra utérine* , c'est-à-dire hors le sein de la matrice.

8° Enfin, s'il arrive que l'œuf développé offre trop de grosseur pour traverser entièrement la trompe utérine , laquelle ne présente pas la même largeur dans tous les points de son étendue , il s'y développe et constitue la troisième espèce de grossesse extra-utérine.

Mais en voilà plus qu'il n'en faut peut-être pour donner une juste idée du mécanisme de la conception, ou imprégnation de l'œuf, et il est temps d'en étudier le développement dans le sein de la matrice, lequel a lieu, comme l'on sait, depuis l'instant de la conception jusqu'à celui de l'enfantement.

CHAPITRE V.

DÉVELOPPEMENT DU GERME, OU GROSSESSE.

La grossesse est, comme l'on sait, l'espace de temps qui s'écoule depuis l'instant de la conception jusqu'à celui de l'accouchement. Ce temps est ordinairement de neuf mois dans l'espèce humaine, quoique l'on voie quelques femmes mettre au monde des enfans parfaitement viables à huit, à sept et même à six mois, de même que l'on en voit d'autres n'accoucher que dix mois, onze mois, une année et même plus, après l'époque d'une conception bien constatée.

A l'histoire de la gestation se rattachent un grand nombre de questions fort importantes, telles que les signes de la conception et de la grossesse, les causes de l'avortement, le régime qu'il convient aux femmes d'observer dans cet état, etc. Mais nous étant amplement étendu sur ces sujets dans notre Véritable Médecine, nous n'entrerons ici dans aucun de ces détails.

Mais il est sur la grossesse un sujet qui excite au suprême degré la curiosité de tous : le mode de développement successif de l'œuf humain. Il n'est personne qui ne soit infiniment satisfait de connaître comment il s'est développé dans le sein de sa mère, et quels procédés la nature a employés pour le conduire à son état de perfection. Aussi, consacrerons-nous tout ce chapitre à l'exposition de cet important sujet. L'histoire du développement du germe de l'homme mérite d'autant plus notre attention, qu'elle nous donne une idée parfaite de celui d'une classe entière d'animaux fort nombreux, c'est-à-dire les mammifères, lesquel se reproduisent absolument comme l'homme, à l'exception toutefois du temps plus ou moins long qu'ils demandent pour se développer.

La connaissance de la vie utérine de l'homme a été fort difficile à acquérir. Ici les occasions d'observer sont assez rares : ce n'est qu'en cas d'avortemens accidentels ou provoqués par l'art, et dans celui de femmes mortes pendant la grossesse, que l'on peut parvenir à assigner les caractères propres au fœtus, aux différentes époques de la gestation. Parmi les anatomistes qui se sont occupés le plus fructueusement de ce point de physiologie, qui est enfin devenu une connaissance précise et exacte, nous devons citer Haller, Wrisberg, Sœmmering, Hunter, Lobstein, Baudelocque,

Chaussier, Murat, Galien, Hippocrate, Buffon, Fodéré. C'est à ces sources qu'il faut puiser pour décrire exactement le développement du fœtus. Dirigeant spécialement mes études vers la génération de l'homme, j'ai eu occasion de vérifier la plupart des observations de ces physiologistes distingués, par la dissection d'un grand nombre d'avortons et de femmes mortes pendant la gestation.

Hippocrate ayant indiqué à une musicienne enceinte de six jours les moyens de se procurer l'avortement, trouva au fruit de la conception entraîné par les règles les caractères suivans : sorte de vésicule ressemblant à un œuf cru dépouillé de sa coque, contenant un liquide transparent dans lequel on voyait de très petites fibres d'un rouge sale. « Cette espèce de vésicule, dit » Buffon, que l'on peut observer même » quatre jours après la conception, est » formée par une membrane extrêmement » fine, qui renferme une liqueur limpide et

» assez semblable à du blanc d'œuf. On
» peut déjà apercevoir de petites fibres réu-
» nies, qui sont les premières ébauches du
» fœtus. On voit ramper sur la surface de
» la bulle (vésicule, œuf humain) un lacis
» de petites fibres, qui occupe la moitié de
» la superficie de cet ovoïde, depuis l'une
» des extrémités du grand axe jusqu'au
» milieu, c'est-à-dire jusqu'au cercle for-
» mé par la révolution du petit axe ; ce
» sont là les premiers vestiges du placenta. »
Au reste|, dit Orfila, les caractères que l'em-
bryon et le fœtus présentent sont loin d'être
constans et invariables chez tous les hommes ; en effet, il existe une infinité de causes
propres à les modifier : telles sont la disposition, la vigueur du père, l'âge, la consti-
tion de la mère, les passions qui peuvent la
tourmenter pendant la grossesse, la saison,
le climat. Cependant, dans le plus grand
nombre des cas, on observe des résultats
semblables. Notons en passant que M. Orfila entend par embryon le produit de la

conception avant deux mois révolus, et par fœtus le même produit de l'âge de deux mois jusqu'à la naissance, où il prend celui d'enfant. L'on trouvera souvent ces expressions chez les auteurs; mais nous emploierons presque toujours indistinctement le mot de fœtus ou d'enfant, à quelque époque de la grossesse que nous envisagions le produit de la conception.

Hippocrate, qui avait souvent occasion d'observer les avortons des filles de sa contrée, chez lesquelles, comme l'on sait, l'avortement provoqué par tous les moyens possibles n'était pas en déshonneur, assigne les caractères suivants à l'embryon de sept jours : animal informe, peu solide, et presque gélatineux, ovoïde et allongé, présentant une grosse extrémité, qui est la tête, dans laquelle on aperçoit imparfaitement des points obscurs correspondant aux yeux et aux oreilles, faisant suite à une autre portion mince, ou tronc, au haut et sur les côtés duquel ou aperçoit deux petits pro-

longemens, ou ébauches des membres supérieurs, tandis que l'extrémité inférieure
de cette espèce de ver à tête monstrueuse
présente au milieu un petit point et sur les
côtés deux légères saillies, qui sont, l'un,
l'ébauche des parties sexuelles, et les autres
celle des membres inférieurs. « Sept jours
» après la conception, l'on peut distinguer
» dit Buffon, les premiers linéamens du
» fœtus ; cependant ils sont encore infor-
» mes. On voit seulement, au bout de ces
» sept jours, ce qu'on voit dans l'œuf au
» bout de vingt-quatre heures : une masse
» d'une gelée presque transparente qui a
» déjà quelque solidité, et dans laquelle on
» reconnaît la tête et le tronc; parce que
» cette masse est d'une forme alongée, que
» la partie supérieure, qui représente le
» tronc, est plus déliée et plus longue.
» On voit aussi quelques petites fibres en
» forme d'aigrette, qui sortent du milieu
» du corps du fœtus et qui aboutissent à la
» membrane dans laquelle il est renfermé,

» aussi bien que la liqueur qui l'environne ;
» ces fibres doivent former dans la suite le
» cordon ombilical. »

Jusque là nous n'avons vu que des ébauches ou plustôt des apparences d'organes ;
» mais quinze jours après la conception,
» poursuit Buffon, l'on commence à bien
» distinguer la tête et à reconnaître les
» points les plus apparens du visage. Le
» nez n'est encore qu'un petit filet proémi-
» nent et perpendiculaire à une ligne qui
» indique la séparation des lèvres ; on voit
» deux petits points noirs à la place des
» yeux, et deux petits trous à celle des
» oreilles ; le corps du fœtus a aussi pris de
» l'accroissement ; on voit aux deux côtés
» de la partie supérieure du tronc et au bas
» de la partie inférieure de petites protu-
» bérances, qui sont les premières ébauches
» des bras et des jambes. La longueur du
» corps entier est alors à peu près de cinq
» lignes. » A cette époque, la conformation
du fœtus est encore obscure, et la plupar

des anatomistes ne le font même consister qu'en une masse à peine organisée, sans proéminence, sans ouverture, sans trace de tête ni de membres. Ce n'est guerre en effet qu'au dix-septième, dix-huitième, dix-neuvième ou vingtième jour que l'on peut réellement reconnaître les rudimens de l'homme dans l'œuf de la conception. » D'après les recherches des anatomistes et des naturalistes faites sur l'homme, et particulièrement sur les animaux, dit Fodéré, ce n'est guère qu'au dix-septième jour, ou environ, qu'on peut commencer à distinguer quelque chose dans la vésicule en laquelle se change d'abord le germe fécondé.»

L'on trouve ici une légère contradiction dans le compte que nous ont rendu les naturalistes du mode de développement du fœtus humain. Mais l'on s'en étonne fort peu, si l'on réfléchit qu'il doit infiniment varier dans les différentes femmes. La liqueur du mâle est plus ou moins active, la femme est plus ou moins forte, la membrane générale de l'ovaire crève plus ou moins promptement selon sa densité particulière, l'œuf détaché rencontre plus ou moins de difficulté à traverser les trompes utérines pour venir tomber dans la matrice, etc., etc.

Cependant de toutes ces observations l'on peut conclure qu'avant le vingtième jour le fœtus n'offre pas d'une manière bien tranchée les organes pouvant servir à dénoter un homme, qu'il n'est au contraire qu'une espèce de petite larve immobile, que l'on pourrait aisément confondre avec une hydatide ou quelque production organique accidentelle. En cas donc de poursuite judiciaire pour crime d'avortement provoqué, nous pensons que les médecins appelés à éclairer la justice de leurs lumières en pareil cas doivent toujours prononcer qu'il n'y a pas même conception, toutes les fois qu'ils ne trouveront que cette espèce d'animal informe, avec les seuls caractères que nous venons de faire connaître.

Il est loin d'en être ainsi à vingt jours. Ici les attributs de la vitalité parfaite ne peuvent échapper à l'œil observateur. Alors, on distingue un véritable tronc courbé sur lui-même en forme de croissant et long de trois à cinq lignes, des membres apparents, quoique mal dessinés, et toutes les autres ébauches d'organe dont il vient d'être parlé.

A mesure que l'on s'éloigne du vingtième au trentième jour, toutes ces parties se perfectionnent. C'est au commencement de cette première période de la vie réelle du fœtus, lequel ne pèse encore que deux ou trois grains, et offre l'apparence d'une grosse fourmi, comme l'a observé Aristote, que l'on aperçoit au milieu et sur les côtés de la poitrine un point rougeâtre, semblant résulter de la réunion de plusieurs fibres roussâtres, ou commencement de gros vaisseaux. De légers battemens se font apercevoir dans ce point, qui est le cœur ; la circulation existe, et le fœtus vit réellement de la vie de l'homme, qu'on me pardonne cette expression.

Notons cependant encore que tous les physiologistes ne partagent pas cette opinion du plus grand nombre, et qu'il est des observateurs distingués qui ne font commencer la circulation et la véritable vie du fœtus qu'à la fin de la quatrième semaine. « Les anatomistes, dit Orfila, qui disent avoir distingué à cette époque le cœur, le cerveau, des vaisseaux sanguins, etc., se sont évidemment trompés. » Fodéré, Buffon et la plupart des anatomistes et des physiologistes qui font le plus autorité en fait d'observations judicieuses. assurent qu'il n'est nullement difficile de s'apercevoir avant le trentième jour, de l'existence du cœur, des gros vaisseaux et des pulsations du premier, surtout quand on les examine à l'aide d'une bonne loupe. J'eus occasion, l'an dernier, d'observer l'embryon d'une jeune personne que je savais pertinemment n'avoir conçu que depuis vingt-un jours, et

je lui trouvai en effet tous les caractères dé-
crits par la plupart des auteurs comme propres aux produits de cet âge, c'est-à-dire
ceux que nous venons de décrire dans cet
alinéa. Différentes autres observations faites sur les embryons de vingt-huit, vingt-
cinq, et vingt-deux jours, m'ont fourni les
mêmes résultats.

Parvenu au trentième jour, le fœtus a
acquis déjà un volume considérable, en mê-
temps que se sont dessinés et prononcés un
grand nombre d'organes qui n'existaient
que comme des ébauches fort imparfaites. Il
pèse environ dix-huit grains et la longueur
de son tronc est d'environ six lignes. Sa
tête fort visible alors, est presque aussi
grosse elle seule que tout le reste du corps.
Les deux points noirs arrondis que nous
avons vus représenter les yeux, se recouvrent
de membranes extrêmement minces et dé-
licates, c'est-à-dire de paupières. Quoique
dépourvue encore de lèvres, la bouche se
reconnaît très facilement à sa forme trans-

versale et à son ouverture apparente. Le filet perpendiculaire à la bouche, c'est-à-
dire le commencement du nez, fait de plus
en plus saillie. Les espèces de bourgeons
qui doivent constituer les membres s'alon-
gent, d'abord plus pour les bras que pour
les extrémités inférieures, qui sont alors
plus faibles et moins précoces dans leur développement que les supérieures. L'on voit
l'os dit clavicule et celui du menton prendre
insensiblement un point d'ossification. Le
cœur, qui ne paraît formé que d'une seule
pièce, devient le siége de pulsations plus ou
moins apparentes. Même développement
dans l'artère aorte et celle dite pulmonaire,

La masse entière du produit de la conception se présente toujours sous la forme d'un
œuf, offrant plus d'un pouce de longuenr,
sur neuf à dix lignes de largeur. Les lignes
fibrillaires qui doivent constituer le cordon
ombilical et que nous avons observées précédemment entre le ventre du fœtus et l'un
des points de son enveloppe membraneuse,

prennent l'aspect de véritables vaisseaux. L'on voit à la face interne de la matrice une membrane extrêmement délicate, laquelle se prolonge autour de l'œuf humain : c'est l'épichorion de Chaussier, autrement membrane caduque, laquelle se forme, d'après William, Hunter dès l'instant même de la fécondation de l'œuf, et a pour usage d'unir le fruit de la conception à la face interne de la matrice.

La pellicule dont le fœtus etait entouré commence alors à se montrer double, à présenter deux membranes, dont l'une dite *amnios*, et l'autre connue sous le nom de *chorion*.

L'amnios est la plus interne des membranes propres du fœtus. A l'époque qui nous occupe, elle est très molle et présente de la ressemblance avec la rétine, c'est-à-dire cette membrane délicate qui forme la prunelle de l'œil. Plus tard, nous la verrons envoyer un prolongement au cordon ombilical, auquel elle sert de gaîne. Elle pré-

sente deux faces, dont l'une externe, cor-
respondante au chorion, auquel elle se trouve faiblement unie par des filamens vasculaires et celluleux; l'autre interne, formant
une cavité en contact avec les eaux dites
d*mniotiques*, dans lesquelles nage le fœtus.

Les eaux de l'amnios, que l'on connaît
vulgairement sous le nom simple d'eaux,
sont regardées comme le produit de la membrane que nous venons d'étudier, laquelle
présente la plus parfaite analogie avec celles
dites séreuses, c'est-à-dire existant à la superficie des grands viscères internes, dont
elles facilitent l'action par le liquide doux
et onctueux qu'elles versent, ou plutôt
qu'elles laissent échapper sous forme de
rosée à leur superficie. La quantité relative
des eaux de l'amnios est d'autant moins considérable que la femme s'éloigne d'avan-
tage de la conception. Leur usage est de favoriser l'aggrandissement de la matrice, à
mesure que le fœtus croît, de prévenir les
frottemens et les percussions réciproques

entre celui-ci et cet organe, enfin, de servir à la dilatation successive et douce du vagin, lors de l'accouchement, par la poche qu'elles forment dans les parties sexuelles de la femme, en poussant devant elles les enveloppes de l'enfant, et préparant ainsi son passage d'une manière graduelle et favorable.

Le chorion est la seconde membrane, c'est-à-dire la plus externe des enveloppes du fœtus. Elle touche, par sa face externe à la membrane propre de l'utérus que nous avons étudiée il n'y a qu'un instant sous le nom d'épichorion, ou, si lon veut, à la face interne de la matrice et du placenta, et d'un autre part aux vaisseaux qui constituent le cordon ombilical. Par sa face interne, elle correspond d'une part à la membrane dite amnios, et de l'autre, dans une petite partie de son étendue seulement, à une vésicule que nous allons bientôt faire connaître sous le nom d'ombilicale. Ses principaux usages sont d'unir le fœtus à la matrice ; de soutenir par sa densité, la membrane amnios, qui est très délicate ; de contribuer à la formation du *placenta*, aux vaisseaux de laquelle cette membrane fournit des gaînes.

Le chorion est loin d'offrir à toutes les périodes de la grossesse les dispositions que nous lui remarquons lors de l'accouchement. Dans les premiers temps qui suivent le trentième jour de la conception, il se présente sous la forme d'une membrane opaque, plus épaisse et plus forte que l'amnios, parsemée à sa face interne d'une foule d'espèces de flocons veineux et artériels, qui ne sont rien autre chose que les fibrilles que nous avons observées précédemment entre le fœtus et son enveloppe membraneuse. Ce sont ces flocons qui formeront le placenta vers la fin du second mois de la conception. L'on voit donc que le placenta n'existe pendant les trois premiers mois de la grossesse, que sous la forme de ces sortes de flocons vasculaires qui, après avoir couvert entièrement l'enveloppe du fœtus, dans les premiers temps de la gestation, se sont déjà agglomérés, à l'époque où nous en sommes, de manière à n'occuper que les trois quarts ou la moitié de son étendue. Ainsi nous connaissons parfaitement l'origine du placenta ; voyons maintenant de suite ce que c'est que cette production accidentelle, pour ne plus éprouver d'entrave dans l'étude qne nous allons faire du développement du fœtus.

Le placenta, dans son parfait développement, se présente sous la forme d'un organe aplati et plus ou moins épais, de six à huit pouces de diamètre, présentant dans sa substance une espèce de parenchyme mou, pesant, spongieux, d'un rouge ordinairement foncé, et toujours imbibé d'une quantité plus ou moins considérable de sang. On lui reconnaît deux surfaces : l'une dite extérieure, ou utérine, adhérente à la matrice par des espèces de mamelons sanguins, et de laquelle il reçoit le sang dont il est imbibé ; l'autre, interne ou fœtale, recouverte par l'amnios et le chorion, lesquelles membranes y laissent apercevoir les nombreux vaisseaux qui, grossissant et devenant plus rares à mesure qu'on les observe vers le centre (endroit où s'insère ordinairement le cordon), finissent par se confondre en un triple tronc que nous allons étudier sous le nom de cordon ombilical. Il a pour usage, comme on le pense bien, de fournir au fœtus les sucs nécessaires à son accroissement, par le moyen du cordon ombical, qui établit entre celui-ci et la mère les communications les plus intimes. Le cordon ombilical consiste, dans son état de développement parfait, en un faisceau vasculaire long de quinze à vingt-cinq pouces, composé de deux artères et d'une grosse veine dites ombilicales, et lequel s'étend de la substance du placenta à la portion du ventre connue sous le nom de nombril ou ombilic. De ces trois vaisseaux, la veine dite ombilicale pr end son origine dans le tissu

même du placenta, par une quantité innombrable de petites racines, lesquelles finissent enfin par se réunir en ce seul tronc,
qui se rend à l'ombilic du fœtus, à l'effet
de fournir par là à tous ces organes le sang
nécessaire à leur développement, par un
ordre particulier de circulation qu'il serait
trop long d'exposer ici. Les deux artères
avec lesquelles cette veine est entrelacée
d'une manière flexueuse reprennent dans
toutes les parties du fœtus le sang qui ne
peut plus servir à son développement, à
l'effet de venir le distribuer par des milliers
de ramifications dans la substance du placenta, et lui faire récupérer les qualités nu-
trites qu'il avait perdues par la circulation
fœtale. Dans les premiers mois qui suivent
la conception, le cordon ombilical présente
infiniment moins de longueur que nous venons de le voir, et se trouve accompagné
des vaisseaux omphalo-mésentériques et de
la vésicule ombilicale, lesquels disparaissent ordinairement dans leur totalité vers

le milieu du troisième mois de la grossesse.

La vésicule ombilicale, dernière production accidentelle qu'il nous reste à examiner dans le développement du fœtus, consiste en une vessie allongée, de la grosseur d'un pois ordinaire, située entre la membrane amnios et celle dite chorion, d'abord très près de l'ombilic de l'enfant, dont elle s'éloigne de plus en plus, pour disparaître entièrement à l'époque que nous venons d'indiquer. Les usages en sont inconnus, et l'on n'a pas encore pu démontrer si, comme dans les quadrupèdes, cette poche communique avec la vessie par un canal semblable à celui qu'ils présentent pendant tout le temps de la gestation, c'est-à-dire l'ouraque. Quant aux vaisseaux dits omphalo-mésentériques, ils consistent en une petite artère et une petite veine, lesquelles s'étendent de la vésicule ombilicale au bas-ventre du fœtus, dans l'intérieur duquel elles pénètrent pour aller se rendre, l'artère, dans l'artère mésentérique supé-

supérieure; la veine, dans le tronc ou dans l'une des branches de la veine ombilicale. Ces vaisseaux, ainsi que la vésicule ombilicale, n'existent chez l'homme que dans les premiers mois de la conception, après quoi ils s'oblitèrent pour disparaître entièrement.

Après le quarante cinquième jour de la conception, le fœtus est long de seize à dix-huit lignes et pèse de deux à quatre gros. C'est à cette époque que l'on commence à voir manifestement les battements du cœur, sans le secours de la loupe. « On l'a vu battre, dit Buffon, dans un fœtus de cinquante jours, et même continuer de battre assez long-temps après que le fœtus fut tiré du sein de la mère.» L'on distingue les différentes parties des membres, c'est-à-dire l'épaule, le bras, l'avant-bras et la main, la cuisse, la jambe et le pied. C'est à cette époque que l'on voit le plus grand nombre des os paraître successivement : les vertèbres du cou, le cubitus, le radius, le tibia, les côtes, l'os de l'épaule, les os des îles, celui du derrière de la tête, les deux parties du frontal, etc., présentent en effet des points visibles d'ossification. La cage osseuse de la poitrine est courte et comprimée, tandis que le ventre est très développé et bombé. Les organes internes suivent le cœur dans leur développement : le cerveau existe ; l'estomac ainsi que les trois premiers intestins qui lui font suite sont aussi développés. Le méconium, ou cette matière noirâtre qui constituera les premières selles de l'enfant, est contenu d'abord dans l'estomac. Le foie est très volumineux : il occupe toute la région du ventre située au-dessous de l'ombilic.

A deux mois, le fœtus pèse d'une once à une once et demie, et est long de deux pouces à deux pouces et demi. La tête a perdu un peu de l'énormité de son volume ; les lèvres se forment ; les alvéoles ou trous des os maxillaires sont apparents, et renferment une petite vessie gélatineuse, rudiment

de la dent; les doigts des mains se dessinent;
l'enduit muqueux qui recouvrait le corps
du fœtus commence à se transformer en
une petite peau mince, encore friable et
transparente.

A trois mois, le fœtus est long d'environ
trois pouces et pèse à peu près trois onces ;
la tête est encore plus grosse et plus pesante
elle seule que toutes les autres parties ;
la partie des os des hanches dites ischium
s'ossifie ; le cerveau ; qui jusque là était
presque entièrement fluide, acquiert la
consistance d'une gelée tremblante, sans
apparence de circonvolutions, ni conséquemment, de sillons ; le méconium, toujours contenu dans l'estomac, est d'un
blanc grisâtre ; le placenta, quoique peu
consistant, présente déjà la forme que nous
lui avons reconnue précédemment dans son
entier développement, et occupe à peu
près la moitié de l'enveloppe du fœtus, le
cordon ombilical, qui se présente sous l'aspect d'un faisceau tordu sur lui-même, et

long d'environ trois pouces seulement,
quoique fort large, vient se rendre immédiatement au-dessus du pubis; où est alors
l'ombilic du fœtus; la vésicule ombilicale
et les vaisseaux omphalo-mésentériques
disparaissent; les doigts des pieds se sépa-
rent comme ceux de la main; la verge est
apparente, si c'est un garçon; la vulve se
dessine légèrement, si c'est une fille; la
bouche est ouverte, et les narines bouchées;
les yeux restent toujours fermés et le trou
auditif n'est point encore percé, quoique
les os de l'oreille, comme ceux du crâne et
de presque tous le squelette, soient déjà
distincts; sa longueur est formée; les poumons sont blancs et fermes.

A quatre mois, les formes du fœtus se
dessinent d'une manière plus parfaite; il
pèse de cinq à sept onces, et est long de
six à sept pouces. La peau se présente sous
la forme d'une membrane satinée extrêmement fine, se recouvre d'un léger duvet à
l'extérieur, offre une couleur très rosée. et

recouvre déjà une certaine quantité de
graisse. Les doigts des mains et des pieds
commencent à pousser leurs ongles, et
la tête à se recouvrir de cheveux, qui sont
rares, courts et d'un blanc argentin. Le méconium commence à passer de l'estomac
dans les intestins grêles. Les reins, très développés, sont formés de quinze à vingt
petits lobes qui se terminent par une espèce
de pavillon qui va se rendre dans le bassi-
net. L'on trouve un peu d'urine dans la
vessie. Les testicules chez les mâles se
trouvent situés dans le bas-ventre, au-
dessous des reins, dont ils se détacheront
plus tard pour venir tomber dans les bourses. Les os ont acquis de la solidité, et les
muscles se sont développés au point que
le fœtus exerce des mouvemens forts sensibles.

A cinq mois, le fœtus, long d'environ
neuf pouces, pèse à peu près une livre.
Les membres inférieurs surpassent les supérieurs en longueur et en grosseur. La

peau se déchire moins facilement, et elle offre une couleur pourpre, particulièrement aux joues, aux lèvres, aux oreilles, aux mamelles, à la paume des mains, à la plante des pieds. Le *sternum*, ou os du devant de la poitrine, le pubis; le *calcanéum*, ou os du talon, ainsi que les petites vésicules contenues dans les alvéoles des mâchoires, commencent à s'ossifier. Les poumons sont très petits, en comparaisou du cœur, qui est très volumineux et dans lequel les oreillettes égalent les ventricules en grosseur. Les testicules ou les ovaires se sont éloignés des reins de quelques lignes, et leur volume fait saillir le péritoine près les vertèbres lombaires.

A six mois, le fœtus offre douze pouces de longueur, en le mesurant du haut de la tète aux pieds, et il pèse déjà près de deux livres, et quelquefois même davantage.

L'ombilic s'éloigne du pubis; le méconium passe du cœcum dans le colon; les

ongles offrent déjà une certaine solidité ;
l'astragale s'ossifie ; les testicules et les ovaires se sont encore éloignés de quelques lignes des reins, qui , eux-mêmes, se perfectionnent et revêtent leur couche corti-
cale. Le sternum , au lieu d'un seul point
d'ossification, en présente trois ou quatre ;
le cordon ombilical devient de plus en plus
long, et le placenta a, proportionellement,
beaucoup perdu de sa largeur, en même
temps qu'il a acquis presque toute la fermeté que nous lui avons reconnue à l'époque de l'accouchement; la peau est devenue résistante , mais elle offre encore une
couleur de rouge pourpre dans les endroits
que nous avons précédemment indiqués.
La tête a encore perdu de son volume pro-
portionnel, en même temps que le cerveau a
perdu de sa mollesse. Les bourses sont fort
rouges et fort petites. Dans les filles, la
vulve est très saillante, et on y voit proé-
miner les petites lèvres, qui écartent les
grandes. Les paupières restent toujours

collées, et leurs cils, ainsi que les sourcils, qui se sont développés peu de temps après les cheveux, sont fort épais. La pupille continue encore à être fermée par une petite membrane, qui va bientôt disparaître. Les narines sont ouvertes; les oreilles bien conformées, quoique non encore percées. En un mot, le fœtus offre alors une conformation et un développement tels qu'il paraît parvenu à son parfait développement, qu'il peut être viable, et semble ne rester encore dans la matrice que pour y acquérir plus de force, et non de nouveaux organes. L'on sait, en effet, qu'avec de très grands soins, les enfants qui naissent à six mois révolus, sont susceptibles de vivre.

A sept mois, époque où l'enfant est parfaitement viable, le fœtus est long de quatorze ou quinze pouces, et pèse près de quatre livres. L'ombilic s'est encore éloigné de quelques lignes du pubis; les paupières se décollent ; la membrane pupillaire cesse de boucher la prunelle ; la peau est ferme et moins pourpre ; les ongles se portent jusqu'au bout des doigts ; les cheveux, plus épais, acquièrent une teinte blondine ; le *méconium* se trouve dans toute la longueur du gros intestin, et les testicules se sont considérablement rapprochés de l'ouverture du bas-ventre par où ils doivent descendre dans les bourses. Les follicules sébacés de la peau s'étant fortement développés, sécrètent abondamment un fluide onctueux, lequel se répand à la surface du corps de l'enfant sous l'apparence d'un enduit blanchâtre, que l'on voit surtout aux plis des articulations, et qui est désignée par quelques anatomistes sous le nom de *vernis caséeux de la peau.*

A huit mois, époque à laquelle l'enfant est beaucoup plus viable encore qu'à sept, malgré le ridicule préjugé qui reste à cet égard, il offre environ seize pouces de longueur, et pèse de quatre à cinq livres. L'ascension toujours croissante d e l'ombilic vers la poitrine fait que la moitié du corps correspond à deux ou trois centimètres seulement au-dessus de l'insertion du cordon ombilical. La membrane pupillaire a entièrement disparu, et les fontanelles, on espaces membraneux situés entre les grands os de la tête, ont beaucoup perdu de leur largeur. Les membres inférieurs ont encore gagné de beaucoup, quant à leur longueur comparée à celle des bras. L'extrémité inférieure du fémur, ou gros os de la cuisse, ne présente point encore de point d'ossification. Toutes les parties sont en général bien proportionnées; cependant les membres inférieurs sont moins longs proportionnellement que les bras; la poitrine est comprimée, la tête et le ventre fort volumineux. Le cerveau présente assez de consistance, des sillons superficiels, des teintes rougeâtres, mais non encore de matière grise. Les testicules s'engagent dans l'ouverture sus-pubienne. La peau .

beaucoup plus consistante encore et moins rouge, est recouverte d'une plus grande quantité de la matière blanchâtre et huileuse dont nous avons parlé, de plus, elle présente dans la plus grande partie de son étendue de petits poils très fins. Les replis qui avoisinent la vulve, ainsi que les différentes parties qui la composent, sont abondamment fournis de l'enduit blanchâtre dont nous venons de parler, ainsi que de matières muqueuses. Les mamelles sont presque toujours saillantes, et on peut en faire sortir par la pression un fluide présentant une sorte de ressemblance avec le lait.

A neuf mois ou à terme, la longueur ordinaire d'un enfant mûr est de dix-huit pouces, en le mesurant toujours du haut de la tête au talon. Cependant on en a vu qui n'offraient que seize, quinze, quatorze et même treize pouces; tandis que d'autres allaient jusqu'à vingt-cinq et plus. Son poids le plus ordinaire est de six livres et demie, quoiqu'on on en ait vu qui n'en offraient que cinq, quatre, trois et même deux, de même qu'il n'est pas rare d'en rencontrer d'autres pesant huit, dix, douze, quinze et même plus de vingt livres. Mais la nature donne rarement dans ces extrêmes. — Ici finit l'histoire de la vie utérine de l'enfant : passons maintenant à l'accouchement.

CHAPITRE VI.

ACCOUCHEMENT.

Quiconque s'est bien pénétré du mode d'organisation sexuelle de la femme, du volume de l'enfant et des produits accessoires de la conception, c'est-à-dire l'arrière-faix, ainsi que du développement graduel du fœtus, concevra facilement le mécanisme de l'accouchement.

La matrice, comme l'on sait, offre dans l'état naturel une si petite cavité, qu'à peine pourrait-elle contenir une fève de marais. Cependant l'accroissement toujours graduel du fœtus lui fait acquérir plus d'un pied de long sur sept à huit pouces de largeur en tous sens. Il doit donc nécessairement venir un temps où cet organe ne pourrait plus se dilater davantage sans courir le risque de se rompre et de déterminer ainsi les plus graves accidents. Ce temps est ordinairement le deux cent soixante - dixième jour après celui de la conception, époque à laquelle l'enfant a acquis toute la force nécessaire pour soutenir une nouvelle vie.

Alors la matrice, stimulée, agacée et comme irritée par la présence du corps d'un fœtus volumineux et souvent très agissant, acquiert une propriété qui lui semblait tout-à-fait étrangère, d'après la nature de son organisation, c'est-à-dire qu'elle se contracte comme un muscle puissant; revient fortement sur elle-même, à l'effet d'expulser au dehors l'être qu'elle contient dans son sein.

Pressé vigoureusement de toutes parts, le fœtus doit trouver un passage par lequel il puisse s'échapper au dehors. Ce passage lui est fourni par le col de la matrice, lequel, comme nous l'avons dit précédemment, présente une ouverture qui établit une communication directe entre le vagin et l'utérus.

Cependant cet orifice utérin est entouré d'un bourrelet fibreux très serré et très résistant, et devant conséquemment offrir beaucoup de difficulté au passage de l'enfant, d'autant plus qu'au commencement des contractions utérines, c'est-à-dire, au commencement du travail, il offre à peine des diamètres assez grands pour admettre l'extrémité du petit doigt. De plus, l'entrée du vagin n'offre guère qu'un pouce et demi dans ses diamètres. Enfin, le détroit inférieur du bassin, par où doit passer l'enfant, offre des diamètres moins grands que ceux de la tête de celui-ci.

D'après ces considérations, l'on sent facilement à quelles puissantes contractions la matrice devra se livrer pour vaincre tous ces obstacles, et quelles douleurs la femme devra ressentir dans l'excès de dilatation et de tiraillement que doivent éprouver les parties pour livrer passage à l'enfant. Ces douleurs seraient même au-dessus des forces de la femme, et il en résulterait infailliblement des déchirures et des ruptures mortelles, si la nature n'avait pris soin de ne procéder à l'accomplissement de cette pénible fonction que par degrés et qu'avec la plus douce lenteur.

Les premiers phénomèmes de l'accouchement ne sont d'abord que des coliques de matrice légères, disparaissant et revenant à certains intervalles, en vertu des contractions et relâchemens alternatifs de la matrice. Ces douleurs, que l'on désigne vulgairement sous le nom de *mouches*, par

comparaison avec d'autres qui seront infiniment plus pénibles, viennent se perdre
vers le col utérin, et l'on peut même
dire leur source ne se trouve absolument
que dans cette espèce de bourrelet dont le
corps de l'utérus cherche à forcer l'ouverture en poussant le fœtus en bas.

A chacune des douleurs et conséquemment des contractions utérines qui les provoquent, les parois de la matrice viennent
s'appliquer contre l'œuf, et il en résulte
la sortie par le col utérin, le vagin et la
vulve, d'un liquide d'abord très peu abon-
dant. A mesure que les contractions et les
douleurs deviennent plus fortes et plus
fréquentes, l'abondance de ce liquide augmente : d'abord muqueux, il devient ensuite glaireux et enfin sanguinolent. Notons ici que l'écoulement de ces glaires
sanguinolentes constitue l'un des signes pré-
sumables d'une délivrance très prochaine.

L'abondance excessive des fluides dont
tout l'appareil sexuel est alors abreuvé as-

souplit considérablement le col utérin , le vagin , la vulve , rend le passage plus glissant et même relâche tant soit peu les articulations des os du bassin, circonstances qui, comme on le pense bien, facilitent puissamment la délivrance.

A mesure que les contractions utérines deviennent plus fortes et plus fréquentes, (ce dont on obtient la preuve par la violence et par la prompte répétition des douleurs, que les glaires deviennent plus abondantes, et qu'enfin les parties molles s'assouplissent), l'on sent manifestement avec le doigt le bourrelet utérin s'assouplir, l'orifice qu'il présente s'agrandir, et les membranes s'y engager sous la forme de poche , poussée dans le vagin par les eaux sur lesquelles la matrice presse. Aussi à chaque douleur voit-on la poche se tendre fortement et augmenter de volume. Cette poche, comme l'on voit , dilate insensiblement le col de la matrice de la manière la plus avantageuse possible pour la femme, sans opérer sur les parties sexuelles cette pression pénible qu'y auraient déterminée les os de la tête de l'enfant, lequel présente ordinairement cette partie du corps en premier lieu.

Enfin, après quelques heures de douleurs, la poche des eaux crève, la tête de l'enfant franchit l'orifice utérin, descend dans le vagin et vient se montrer à la vulve, dont toutes les parties se dédoublent pour donner plus de largeur. La résistance offerte par le détroit inférieur est vaincue par le chevauchement des grands os de la tête, et par la position favorable que celle-ci prend, relativement à la grandeur des diamètres respectifs de l'un et de l'autre. La tête franchit alors la vulve, qui est péniblement distendue; puis sortent les épaules, ensuite le tronc, enfin les extrémités inférieures, et la femme éprouve tout-à-coup le bien-être le plus indicible.

L'enfant tient encore à la matrice par la cordon ombilical : on le coupe, et voilà

son rang établi parmi les êtres vivants parfaits.

Il reste encore à la femme un dernier
travail à supporter : l'expulsion de l'arrière-faix, c'est-à-dire du placenta, des deux
membranes qui servaient d'enveloppe au
fœtus, et de la portion du cordon ombilical restée dans la matrice. Celle-ci se livre
à de nouvelles contractions, quelques douleurs se font encore sentir, et en moins de
vingt minutes la femme se trouve habituellement tout-à-fait délivrée.

Les parois de la matrice, qui avaient été
si considérablement distendues, gorgées de
sang et rendues très épaisses, ne revien-
nent sur elles-mêmes, après l'accouchement, qu'autant qu'il le faut pour s'opposer à l'hémorrhagie qui résulterait infailliblement du décollement subit du placenta, et ce n'est ordinairement qu'au bout de
six semaines que ce viscère a repris son
état primitif. Pendant ce temps, surtout
les premiers jours, la matrice con-

tinue à se contracter de temps à autres pour expulser le sang dont elle est imbibée, et de légères coliques se font conséquemment ressentir dans ces instants. Cet écoulement qui prend le nom de *lochies*, n'est tout-à-fait sanguin que dans les premiers temps qui suivent l'enfantement, après quoi il ne diffère pas essentiellement des matières glaireuses et muqueuses en général.

CHAPITRE VII.

ALLAITEMENT.

Deux ou trois jours après l'accouchement, les mamelles, qui déjà avaient offert une plus ou moins grande quantité de lait pendant les derniers mois de la grossesse, deviennent le siége d'un excès de vitalité qui y fait affluer le sang d'une manière très abondante, et d'où résulte même une indisposition générale connue vulgairement sous le nom de *fièvre de lait*, et laquelle ne dure guère plus de vingt-quatre heures. Pendant ce temps, les glandes mammaires préparent une dose considérable d'un liquide blanchâtre, sucré, fort doux, et offrant toutes les qualités requises pour servir à la nourriture du nouveau-né.

A mesure que les glandes mammaires confectionnent ce lait, des vaisseaux, dits galactophores, ou conduits excréteurs du lait, viennent déposer ce fluide à la surface du mamelon, par où on le voit s'écouler quelquefois comme par flots.

Dans les premiers temps qui suivent l'accouchement, le lait n'est que fort peu consistant, très clair et très séreux. Mais à mesure que l'enfant grandit, ce liquide devient plus épais, plus nourrissant, en sorte que dans tous les temps la nature a très bien pourvu elle-même au genre de nourriture qui convient à l'enfant : le lait maternel. L'on sait même que le premier jour de l'accouchement le lait est à peine nourrissant et qu'il offre des propriétés purgatives. Aussi convient-il, à l'exemple de tous les mammifères, de présenter le sein au nouveau-né presque immédiatement après la naissance, à l'effet de faciliter ainsi la sortie du méconium ou des premières selles, laquelle est indispensable à la santé de l'enfant.

QUATRIÈME PARTIE.

MANQUE DE VIGUEUR EN AMOUR,

ET

MOYENS DE GUÉRIR CETTE FAIBLESSE.

Parmi les différentes facultés physiques de l'homme et de la femme, je n'en connais point qui soit de nature à leur procurer des jouissances plus vives et plus tendres tout à la fois que celles qui ont pour but l'éternisation de l'espèce. Aussi la puissance de la reproduction nous offre-t-elle toujours les charmes les plus indicibles.

Privé de la faculté reproductrice et non animé de ce sentiment amoureux que M. de Buffon appelle l'âme universelle de l'univers, l'homme ne forme plus qu'un être isolé, apathique, dépourvu de toute espèce d'énergie physique et morale, indifférent envers les plus belles vertus comme envers les beautés les plus attrayantes de la nature. Son ame insensible ne saurait s'élever à aucune des conceptions qui dénotent l'homme éminemment pensant. L'amour de la patrie et de la gloire ne peut faire entendre sa voix à son cœur de glace. Le désir d'inventer, de faire quelque découverte utile à ses semblables, de perfectionner les arts, lui est aussi étranger que les premiers sentiments. La grandeur d'âme; les vertus civiques et militaires, le courage, la noble indépendance et tous les autres sentimens qui font le plus d'honneur à l'humanité sont toujours sans prise sur cette masse de terre glacée. La politesse, la gaité, la vivacité, la prévenance, la galanterie et toutes les qualités aimables qui font le charme de la belle société, sont autant de qualités qu'il dédaigne et dont il ne saurait d'ailleurs apprécier le prix inestimable. L'insensibilité physique et morale qui le caractérise en fait inévitablement l'être le plus insoutenable pour les personnes forcées d'entretenir avec lui des liaisons étroites. Chez un tel sujet tout ne s'exécute souvent qu'avec la plus excessive lenteur : son œil est sans feu, ses traits sans expression aucune, sa démarche lente et paresseuse, etc., etc.

Voyez au contraire les rayons de feu, de chaleur et de vie s'exhaler de toutes parts de celui qu'anime une grande dose de puissance génitale et l'aiguillonnant désir de venir se ranger sous l'étendard de la nature reproductrice. La société lui offre les douceurs les plus ineffables, comme il sait lui-même en faire les délices par sa vivacité, sa gaité, l'amabilité de son esprit, les charmes de sa galanterie et ses soins complaisans de toutes sortes. Auprès de lui, la nature semble animée d'une vie nouvelle : chants divertissans, agréables badinages, coups d'œil agaçants, illusions pleines de douceurs !!!

L'homme en effet auquel la nature pro-créatrice fait entendre sa voix puissante se trouve animé du noble désir de plaire, non seulement aux personnes du beau sexe, mais encore à tous les membres de la société. Un instinct secret lui fait entendre qu'il n'est qu'une faible partie du grand corps social et que conséquemment tous ses actes ne doivent se diriger que vers le bien de tous. Capter et mériter réellement la considération publi-que forme le premier et le plus pressant de tous ses besoins. Les études utiles lui offrent infiniment d'attrait, et toutes ses pensées n'ont d'autre but que la perfection. L'espoir surtout de s'attirer l'admiration d'un sexe pour lequel son âme brûle de la flamme la plus active le transforme souvent avec la plus étonnante rapidité en savant, en poète, en guerrier, en héros.

Un sentiment de bien-être exprimable répand sa douce influence sur toutes les fonctions de la vie du sujet qu'électrise le feu intérieur de l'amour : il est léger, dis-

pos, enclin à l'exercice, poursuivi par le besoin d'agir et imbibé d'un excès de vitalité
qui a besoin de se transmettre.

Pour peu que les lois de la sagesse, les
convenances ou toute autre raison , l'aient
contraint à observer la continence, il brûle
du désir de s'unir à un sexe différent du
sien par les nœuds du mariage. La femme
se présente à ses yeux sous les couleurs les
plus enchanteresses; tous les devoirs de l'u-
nion conjugale seront pour lui les plaisirs
les plus doux ; une brillante postérité présente à ses regards la perspective la plus délicieuse , et il va s'immortaliser dans ses
enfans!!!

Sans doute ces admirables effets de l'a-
mour sont loin de se montrer les mêmes
chez tous les hommes, et il en est même un
grand nombre qui, quoique doués de la
plus vigoureuse constitution , non seulement ne se croient point aptes à les ressentir ; mais seront même portés à se rire des
personnes qui s'abandonnent à de sembla-

bles illusions. Cependant, qu'ils se rappè-
lent les premiers instans où le dieu de l'a-
mour vint les soumettre pour la première
fois à ses lois, et ils ne pourront disconve-
nir que telles sont en effet les inspirations
dont l'homme véritablement amoureux est
animé. Gardons-nous bien de juger de la
nature de nos affections premières par des
dispositions nées d'une société corrompue
et pervertie. Au lieu de porter nos regards
sur l'homme qui défigura l'ouvage de la sagesse éternelle par les plaisirs solitaires pré-
maturés ou autres genres d'écarts, considérons celui que domine réellement le senti-
timent d'un véritable amour, ne visant à le
satisfaire que dans une union licite à ses
yeux, et dont il est plus ou moins difficile de
trouver l'heureuse occasion, ou qu'il ne peut
mériter que par des qualités solides, l'estime
du public et des actions louables.

Au reste, que le sentiment de l'amour
soit pur ou mélangé, toujours est-il que les
jouissances qu'ils procurent offrent infini-

ment d'attrait pour quiconque en ressent l'influence. Dé là, le haut prix que les deux sexes attachent à la puissance qui rend apte à les savourer. Aussi serait-il difficile d'imaginer une perte qui attristât plus profondément l'âme que celle de la faculté de se reproduire, notamment pour les sujets qui se sont abreuvés à la coupe de la volupté pendant un certain temps. Toutes les dispositions heureuses qui leur faisaient couler des jours si prospères s'évanouissent; un vide affreux se fait sentir dans le fond de leur âme; il leur semble se détacher de l'existence, et l'horreur du néant se présente malgré eux à leurs tristes pensées, surtout quand ils sont encore dans leur printemps, et que, d'une autre part, ils se trouvent dépourvus du doux espoir de voir leur vie se prolonger dans celle d'une progéniture robuste.

Nous avons longuement exposé dans nos *Secrets de la Génération* les circonstances hygiéniques capables de détruire dans l'homme et la femme la précieuse faculté d'engendrer, lesquelles causes sont, comme on le pense bien, toutes celles suscep-. cceptibles de débiliter l'économie, et surtout les excès en amour et la masturbation. (Voyez la dernière partie de cet ouvrage.) Nous avons même exposé la conduite à tenir pour se la conserver jusqu'à l'âge le plus avancé. En sorte qu'il ne nous reste à parler ici que des moyens de guérir l'impuissance en amour.

En dépit de tous les beaux préceptes de l'hygiène, de la philosophie, de la morale et même de la religion, malgré la menace imminente de la perte de l'une de leurs plus précieuses facultés, nous avons chaque jour de pénibles occasions de voir des hommes doués même en apparence de la plus grande dose de raison, qui semblent se complaire à tarir de bonheur en eux la source de leurs plus délicieuses sensations. (Voyez *Masturbation* fin de l'ouvrage.) Aussi, comLien il est commun de voir des

jeunes gens parvenus à peine à l'âge de vingt-
cinq ou trente ans n'offrir plus qu'une triste
impuissance auprès d'un sexe vers lequel ils
ne laissent pas néanmoins de se sentir impé-
rieusement entraînés par une impulsion se-
crète, ou plutôt par un souvenir de volupté!
Que de jeunes dames à leur tour se trouvent dans le cas fâcheux de ne pouvoir point
offrir d'enfans à leur mari par suite d'écarts
de régime, et surtout de l'habitude pernicieuse de l'onanisme!

Cependant la perte de la faculté d'engendrer et de se livrer aux actes de la reproduction est loin de ne reconnaître toujours
pour cause que les excès dans les jouissances sexuelles. Elle peut encore résulter de
l'action trop long-temps continuée d'un
principe vénérien, et dans les nombreuses
consultations que nous donnons chaque année sur des maladies de ce genre, nous
avons eu souvent occasion de guérir radica-
lement des impuissances en apparence in-
curables, par la seule dépuration opérée par

notre MÉTHODE VÉGÉTALE (voyez notre Médecine de Vénus).

Nous avons vu un grand nombre d'autres débilités sexuelles et différentes stérilités reconnaître pour causes la faiblesse de l'estomac, l'embarras muqueux des voies urinaires, des affections chroniques ayant leur siége dans le cerveau, le cervelet, la moelle allongée, la moelle vertébrale, les nerfs, les muscles érecteurs, et beaucoup d'autres affections que l'on ne saurait exposer convenablement que dans un ouvrage *ex professo*, ouvrage que nous ne tarderons pas à mettre au jour.

Dès l'instant où l'homme s'aperçoit que l'acte sexuel se trouve suivi en lui d'un degré de faiblesse tant soit peu prononcé, il doit, quelque jeune et vigoureux qu'il soit, éviter toutes les circonstances susceptibles de faire naître dans son cœur le moindre désir amoureux factice, recourir à une alimentation analeptique, abandonner l'usage de toutes les liqueurs excitantes et de tous les alimens épicés, respirer fréquemment l'air libre et pur de la campagne, ne travailler de nouveau à la reproduction que quand, par ce sage régime, il se sentira animé d'une dose exubérante de liquide réellement procréateur. C'est par cette sage conduite, et non par de vaines stimulations artificielles, qu'il parviendra à reconforter l'économie et à rallumer en lui le feu qui menace de s'éteindre pour jamais.

Il est néanmoins des cas où de convenables aphrodisiaques ne pourront que produire les effets les plus salutaires; ceux par exemple d'un engourdissement nerveux ne résultant nullement de la débilité de l'économie. Cependant que ces aphrodisiaques ne soient que des toniques puissans, des stimulans purement végétaux, que l'on n'use de ces derniers que dans des circonstances pressantes et impérieuses. Ces moyens sont, comme l'on sait, les stimulans du Codex, l'immersion des organes reproducteurs dans une infusion aromatique, la teinture de vanille, les frictions alkooliques sur les différents points de la périphérie du corps sympathisant avec la matière nervale de l'appareil reproducteur, une dose modérée de vins capiteux, etc., etc.

Quant au manque d'énergie génitale résultant d'une debilité réelle de l'économie, par suite d'excès en amour, de longues maladies, de jeûnes ou de veilles prolongées, d'alimens malsains, de chagrins, de voyages fatigans ou de toute autre cause affaiblissante, on ne la combattra absolument que par les vrais toniques, tels que l'excellent régime que nous avons conseillé ci-dessus, un vin de quiquina bien préparé, etc.

Dans ces différens cas de faiblesse d'atonie ou d'engourdissement nerveux prolongé, nous avons souvent fait concourir à cet excellent régime l'emploi de la liqueur TONI-GASTRO-GÉNITALE, désignée ainsi parce qu'elle jouit au suprême degré de la propriété de fortifier puissamment l'estomac, de restaurer l'économie entière, de faire disparaître

ainsi l'atonie sexuelle tenant à de semblables causes, et nous en avons toujours ob-
tenu les effets les plus satisfaisans.

Nous voudrions pouvoir donner ici la
formule de cette active liqueur dans l'intérêt général ; mais outre que la composition
en doit varier selon l'âge, le sexe, l'ancien-
neté de l'affection, les complications et les
différentes autres dispositions physiques ou
morales particulières à chacun des individus, nous avouons qu'il nous répugne de
tracer des formules qui pourraient devenir
des armes dangereuses entre les mains de
l'imprudence. Nous ne nous refusons cependant jamais d'indiquer des formules de
ce genre à quiconque nous expose, soit en
personne, soit par une lettre de consulta-
tion écrite avec tous les détails convenables,
l'état maladif particulier dans lequel il se
trouve réellement et pouvant en déterminer
l'emploi. Encore écrivons-nous toujours
nos prescriptions en langue latine et avec
des signes seulement connus en pharmacie.

APPENDIX.

AU TRAITÉ DE L'IMPUISSANCE.

Tablettes toni-gastro-génitales.

—

Nous regrettons que les limites étroites dans lesquelles nous sommes obligés de nous contenir, ne nous permettent pas d'entretenir ici nos lecteurs de ce *Chocolat corroborant*, beaucoup plus doux que la liqueur *Toni-gastro-génitale*; mais non moins agréable et non moins efficace que cette dernière contre les faiblesses génitales résultant soit de la faiblesse des organes, soit de maladies dites vulgairement de *langueur*, soit de la masturbation, soit d'excès en amour, etc., etc.

Pour corriger cette lacune, nous allons faire imprimer sur ce chocolat stomachique, alimentaire et *aphrodisiaque*, un prospectus en français, en latin, en anglais et en allemand, que nous nous ferons un devoir d'expédier à chacun des possesseurs de cet opuscule ou de l'un de nos autres ouvrages, qui nous en ferait la demande par *lettre affranchie*.

CINQUIÈME PARTIE.

ONANISME,

ou

MASTURBATION CHEZ LES DEUX SEXES.

Jusqu'ici nous n'avons eu à étudier que des questions infiniment attrayantes par elles-mêmes, tant par les données instructives et piquantes qu'elles présentaient à notre observation, que par les rapports directs qu'elles offraient avec nos goûts et nos penchans les plus naturels, les plus licites et les plus conformes aux lois de la saine morale.

A ces études pleines d'attrait va succéder le sujet le plus propre à faire naître dans l'ame les pensées de la plus douloureuse mélancolie. Il s'agit d'étudier l'homme dans ses désordres les plus honteux et les plus diamétralement opposés à son propre bonheur comme à celui du corps social entier. Ce ne seront plus de tendres amans brûlant l'un pour l'autre de l'amour le plus honnête, et visant uniquement à s'unir par les nœuds du mariage, à l'effet d'enrichir la patrie d'une famille ornée de toutes les vertus dignes de la considération publique, mais bien de véritables monstres séparés en réalité du corps social, se rendant coupables des attentats les plus horribles envers cette mère commune de la reproduction dont les saintes inspirations doivent être sacrées pour toutes les ames honnêtes.

Le genre de monstruosité qui nous occupe ici présentant un sujet aussi répugnant par lui-même qu'il nous inspire naturellement les plus tristes pensées sur la faiblesse, les erreurs, les désordres et la dépravation de la vie humaine, nous avouons que ce n'est pas sans éprouver le sentiment le plus pénible que nous allons en traiter ici.

Cependant l'espoir qui nous anime de

pouvoir rendre quelque service à un certain nombre d'individus, en exposant à leurs regards une partie des maux affreux qui résultent naturellement de la pernicieuse habitude de l'onanisme a été pour nous un encouragement auquel il nous a été impossible de résister. Ce n'est point en abandonnant les hommes à leur dépravation ou en leur déclarant une guerre ouverte que l'on parvient à les améliorer et à les ramener dans le chemin de la vertu. Tel individu qui nous paraît au premier aspect mériter toute notre haine et notre indignation n'est souvent qu'une malheureuse créature digne de notre pitié et de notre parfaite indulgence. La faiblesse du cœur, l'entraînement de l'exemple, la force des passions, les vices de l'éducation, la corruption de la société peuvent quelquefois arracher momentanément un homme vertueux hors le sentier de l'honneur, sans qu'il en résulte pour cela l'entière perversion de son cœur. Qu'on le place dans des circonstances plus heureuses, qu'on lui démontre, avec toute la douceur possible, les conséquences fâcheuses de certaines actions, et peut-être le verrons-nous abandonner immédiatement et de son propre mouvement les désordres de sa conduite pour venir prendre place parmi les sujets les plus vertueux et les plus recommandables. Ce ne peut être que dans de telles vues qu'un auteur qui se respecte tant soit peu lui-même doit se permettre de tracer la plus courte ligne sur l'habitude honteuse des plaisirs solitaires. Tout ce qui s'éloignerait de cette fin d'utilité ne pourrait qu'alarmer la morale et devenir essentiellement répréhensible. Aussi ne devons-nous envisager ici l'onanisme que sous le rapport de son immoralité, des maux dont il menace les personnes malheureuses qui en contractent l'habitude; des circonstances capables de la faire naître et des moyens d'en préserver les sexes et de réparer les maux qu'ils ont pu en ressentir.

CHAPITRE PREMIER.

Immoralité de l'onanisme.

Les vœux de la nature, ou plutôt de son éternel auteur, doivent être tous également sacrés pour l'homme, et il ne saurait enfreindre ses lois sans se rendre coupable d'un attentat plus ou moins répréhensible envers cette mère conservatrice, le corps social et sa propre personne. Aussi les saintes inspirations de cette sagesse infinie peuvent être considérées comme le guide fidèle de la conduite des hommes, tant envers eux-mêmes qu'envers le corps social entier et ses différens membres. Ainsi, c'est elle qui nous fait une loi impérieuse de veiller à notre propre conservation, et dès lors le suicide devient un crime. C'est par notre attachement naturel à la vie, à nos biens, à nos propriétés, à nos jouissances, etc., que nous jugeons que tous ces avantages doivent être respectés dans chacun des membres de la société.

Or, la nature imprima dans le cœur de tous les êtres vivans bien constitués, et jouissant pleinement de la faculté reproductrice, le besoin de s'unir à un sexe différent du leur et de diriger cette faculté vers le maintien de l'espèce; donc il n'est pas plus permis à l'homme d'enfreindre cette loi naturelle et divine, qu'il ne lui serait de détruire une plus ou moins grande portion du genre humain. Le crime, selon nous, peut être constitué par le défaut d'action comme par les actes même, dès l'instant où il en arrive le même résultat; et contribuer à l'extinction des races par l'inaction, les embryoticides, les infanticides, etc., nous paraissent autant de crimes aussi punissables l'un que l'autre aux yeux de l'auteur de la nature. Il ne faut donc pas de grands efforts d'esprit pour juger que le mariage est obligatoire envers quiconque possède les qualités requises pour en accomplir tous les devoirs.

Cependant, pour ne point trop exagérer cette doctrine, nous concevons bien qu'il puisse exister des êtres qui s'imaginent sincèrement qu'il leur est permis de déroger à cette loi obligatoire par des motifs de religion, c'est-à-dire à seule vue de travailler plus efficacement au salut de leur ame ainsi qu'on le voit dans la plupart des ordres religieux.

Mais ce que l'on a de la peine à concevoir, c'est qu'il existe des hommes vigoureusement organisés, parfaitement sains et jouissant de tous les dons naturels capables de procurer le bonheur dans une union féconde, qui puissent, par des machinations coupables, détourner de leur véritable destination les fluides de vie placés en eux pour la seule reproduction, et qui sont, sans contredit, le plus puissant moyen que la nature employa pour forcer les hommes à se rechercher, à s'unir et à travailler en commun à la félicité de tous. N'est-il pas pénible de réfléchir que, parmi tous les animaux, l'être qui se considère comme le plus raisonnable soit le seul qui nous offre l'exemple d'habitudes si monstrueuses, et qu'à l'homme seul semblent être réservés les erreurs, les aberrations des sens, les goûts dépravés et tous les genres de perversité !

Adonnés à l'habitude honteuse de la masturbation, l'homme s'isole de la société, concentre toutes ses affections en lui-même, n'offre aucun de ces sentimens sympathiques mutuels des différens membres du corps social et qui contribuent si puissamment au bonheur de tous.

Ainsi, mépris condamnable des lois sacrées de la nature reproductrice, lésion criminelle des intérêts de la grande famille, violation du devoir qui force chacun des hommes à travailler à l'accroissement de la population et de la force de l'état, isolement de la société, égoïsme honteux chez les personnes raisonnables adonnées à la masturbation : telles sont les principales raisons qui nous démontrent toute l'immoralité d'une semblable habitude.

CHAPITRE II.

Maux occasionnés par l'onanisme.

La masturbation consiste, comme tout le monde le sait, en certaines irritations mécaniques exercées sur l'une des parties de l'appareil sexuel, soit pour en obtenir des sensations particulières offrant plus ou moins d'attrait au goût dépravé des personnes qui s'y adonnent, soit pour provoquer par les conduits extérieurs du même appareil l'expulsion d'une plus ou moins grande quantité de liquides éminemment excitants et propres à conduire au même résultat. Plusieurs raisons physiologiques nous expliquent facilement les fâcheux effets

que tout le monde sait résulter de semblables manœuvres.

En première ligne figure l'irritation excessive nécessairement déterminée par l'excitation vive et plus ou moins fréquente de
l'appareil génital, appareil dont nous connaissons toute l'irritabilité et la susceptibi-
lité à s'enflammer. De là les inflammations
de toutes sortes auxquelles ces organes se
trouvent exposés dans de si fâcheuses circonstances. — Les liens de l'étroite sympathie qui unissent entre eux l'appareil sexuel,
le cerveau et tout le reste de l'économie,
ne peuvent manquer de transmettre aux
autres points de la machine vivante les excitations vives, les irritations fortes et les
inflammations plus ou moins intenses dont
le premier est devenu le siége par de telles
manipulations. De là des agitations ner-
veuses, des névralgies, des vapeurs, l'exaltation mentale, etc., etc.

Si de semblables effets peuvent avoir
lieu dans des organes si éloignés des parties

génératrices, à plus forte raison les obser-
vons-nous dans les voies urinaires, unies
avec les premières par le triple lien de sympathie nerveuse, de voisinage et de conti-
nuité. Aussi combien ne sont point communes en pareil cas les inflammations du
canal de l'urètre, de la vessie, des reins,
les rétentions d'urines, le développement
des calculs ou pierres, etc., etc.

L'on sait que l'irritation long-temps
continuée d'un ou de plusieurs organes les
conduit nécessairement tôt ou tard à un
degré de relâchement analogue à l'intensité
de la première. De là la mollesse, la flaccidité et l'impossibilité des érections que l'on
voit se manifester prématurément chez les
personnes qui ont persévéré long-temps
dans de telles erreurs.

A ces effets secondaires observés dans
l'appareil sexuel se joint également la débilité entière de l'économie par la raison de
l'irritation outrée et long-temps continuée
dont elle a été primitivement le siége. La

vessie n'exerce ses fonctions qu'avec difficulté, surviennent des incontinences d'urine, les facultés intellectuelles s'affaiblissent, les exercices physiques comme les moraux ne se font plus qu'avec une excessive lenteur, l'estomac perd considérablement de sa puissance digestive, l'appétit s'émousse, le corps dépérit, la maigreur la plus effrayante se manifeste dans toute l'habitude extérieure de l'économie, etc., etc.

Vient ensuite ce qui a trait à la perte de certains liquides de l'économie. Ces liquides sont particulièrement, comme l'on sait, ceux que la nature a destinés à la procréation de nouveaux êtres, c'est-à-dire les séminaux. Si l'on se rappelle tout ce que nous avons dit sur les effets essentiellement débilitans produits par la perte considérable de ces puissans excitans de la vitalité générale, l'on sentira facilement combien la masturbation est de nature à conduire promptement au dernier degré de dépérissement et de marasme les personnes qui s'y abandonnent. En effet chacun sait que quiconque s'est une fois lancé dans cette carrière, se trouve naturellement entraîné aux excès les plus meurtriers. D'une part, l'excitation plus ou moins fréquente des parties de la génération en augmente de jour en jour la sensibilité, et ne peut conséquemment que rendre de plus en plus fort l'entraînement du malade à de telles manipulations ; d'une autre part, en proie à des désirs pour ainsi dire irrésistibles, celui-ci pourra-t-il se défendre de faire jouer fréquemment des instrumens de plaisir qu'il possède à chaque instant du jour et de la nuit, si facile à mettre en action à la moindre velléité ?

Nous aurions encore à exposer un grand nombre de maladies pouvant résulter de la masturbation, telles que faiblesses et irritations de poitrine, consomption dorsale, phthisie pulmonaire, ou étisie, etc., etc. Mais ce n'est guère que dans un ouvrage *ex professo* qu'il est possible d'entrer dans

tous les détails que comporte la vaste ques-
tio ndes jouissances solitaires. Il nous suf-
fisait d'ailleurs ici de donner un aperçu
des maux affreux auxquels s'exposent infailliblement les personnes qui ont le malheur
de s'y abandonner.

CHAPITRE III.

ONANISME CONSIDÉRÉ DANS LES DIFFÉRENS AGES DE
LA VIE , ET SIGNES AUXQUELS ON RECONNAITRA
LES GARÇONS , LES FILLES OU AUTRES PERSONNES
QUI Y SONT ADONNÉS.

Les personnes qui ne se trouvent point à
même d'observer les mœurs des jeunes enfans ne sauraient se former la plus légère
idée des ravages affreux opérés par le fléau
sur lequel nous nous exerçons ici. De jour
en jour on voit ce vice étendre de plus en
ses racines, et à peine peut-on trouver

quelques enfans sur cent qui s'en soient montrés exempts jusqu'à l'âge de quinze ou seize ans. Les médecins, les confesseurs et les chefs de maison d'éducation savent tous que malheureusement cette proportion n'a absolument rien d'exagéré.

Si l'on réfléchit que l'onanisme peut en très peu de temps abattre les forces de l'homme même le mieux constitué et le plus énergique, l'on sentira sans peine combien cette habitude doit être pernicieuse aux jeunes enfans, chez lesquels le corps n'offre encore que très peu de développement et de consistance, et dont l'on ne peut guère espérer que la raison, si peu développée alors, puisse venir combattre ce penchant désordonné.

Les parens doivent donc d'autant plus s'attacher à préserver leurs enfans de l'habitude de la masturbation, que dès l'instant où ils auront approché leurs lèvres de cette coupe insidieuse, il sera presque impossible de la leur faire abandonner. Si nous ne pouvons trouver parmi les personnes même les plus raisonnables que très peu de sujets capables de remporter une telle victoire sur eux-mêmes, à plus forte raison nos soins seront-ils presque toujours impuissans pour en détourner la faible enfance.

Beaucoup de parens s'imaginent que leurs enfans ne sont exposés à contracter l'habitude des jouissances solitaires que vers l'époque de la puberté. Il est vrai que ce temps est celui où ils en sont le plus menacés ; mais ils sont loin d'être à l'abri de toute atteinte avant cette période de la vie.

Quoique ce ne soit qu'après l'époque de la puberté que les organes sexuels acquièrent tout le développement nécessaire à l'exercice de leurs fonctions naturelles, la matière dite érectile, dont nous avons vu l'existence dans l'appareil génital de l'un et de l'autre sexe, est susceptible de devenir le siége d'une turgescence plus ou moins active dès le berceau même de la vie. Cette turgescence des parties érectiles y détermine nécessairement un surcroît de sensibilité suscepticle de faire ressentir aux enfans des sensations agréables sous l'influence de la moindre excitation physique. Pour peu donc que quelque attouchement instinctif ou machinal vienne leur faire connaître cette source de jouissance, nul doute qu'ils ne la recherchent de nouveau, qu'ils ne s'y complaisent et en contractent enfin l'habitude. Ainsi les voilà lancés dans la carrière de leur destruction, dès l'âge de cinq à six ans peut-être, et ce, sans aucune espèce d'apprentissage.

Cependant, quoiqu'il existe un grand nombre de jeunes enfans chez lesquels le tissu érectile offre naturellement un excès de vitalité et d'irritation qui les porte à tâcher d'y mettre fin par des manipulations instinctives, il faut convenir que, chez le plus grand nombre de ceux qui s'adonnent à l'onanisme, cette habitude n'est absolument le fruit que de la mauvaise éducation des parens ou des dangers qu'ils courent dans les maisons d'éducation, où il suffit souvent d'un seul individu pour répandre le poison sur plusieurs centaines de sujets n'offrant même par leur organisation propre aucune disposition particulière à ces sortes d'excès.

L'enfant est naturellement fort imitatif, ami de la nouveauté, et il est infiniment rare qu'il n'adopte pas à l'instant même une espèce de jeu quelconque présenté soudainement à ses yeux. Les manipulations du genre de celles qui nous occupent ne sont d'abord pour lui qu'un simple amusement, un jeu, un exercice, sans aucune espèce de jouissance génitale. Cependant, comme les agacemens organiques, pour peu qu'ils soient prolongés ont pour résultat ordinaire d'attirer le sang et d'augmenter puissamment la vitalité dans les parties soumises à ces moyens d'excitation, nul doute que ce simple badinage ne devienne bientôt une affaire capitale pour le malheureux enfant qui commence à s'y livrer, d'autant plus qu'il ne peut connaître de ce monstrueux amusement que la sensation agréable qui en résulte, et nullement les dangers et la honte qu'il y a à s'y abandonner.

Ainsi, l'on voit que l'habitude de la masturbation chez les garçons et les filles peut provenir de deux sources différentes : l'excitabilité prématurée et spontanée du tissu érectile ; l'agacement de ce principe par la voie de manipulations enseignées par d'autres enfans.

L'enfant qui s'abandonne à la masturbation ne peut tarder d'en offrir des preuves frappantes dans l'habitude extérieure du corps, du moins aux yeux des personnes qui se sont tant soit peu exercée sur ce sujet. Parmi les différens enfans qui furent conduits par leurs parens en mon cabinet pour des consultations de ce genre, je ne me rappelle pas m'être trompé à cet égard, du moins depuis un certain nombre d'années.

Les petits garçons et les petites filles adon-

nés à la masturbation offrent une physio-
nomie qui se conçoit beaucoup plus qu'elle
n'est facile à décrire. Leurs traits se dessinent prématurément et sont dépourvus de
cette douceur charmante si naturelle à leur
âge. A cette dureté des traits se joignent
des yeux sombres et plus ou moins cernés.
La peau du front et de toute la face ne tar-
deront pas à offrir les rides de l'âge avancé.
Les peintures ou autres objets présentant la
nature nue attirent toujours leurs regards
curieux, et s'ils sont surpris dans cet examen, un certain embarras subit se fait soudainement apercevoir dans leurs gestes et
l'expression faciale. On leur voit une sorte
de pudeur à laquelle l'on ne devait s'atten-
dre que dans un âge beaucoup plus avancé.
Ils manifestent pour les sujets de leur âge
et d'un sexe différent une inclination particulière qui ne saurait échapper aux personnes qui les observent attentivement.
Leurs jeux et leurs amusemens sont moins
enfantins, moins frivoles, et il n'est

point rare de les voir faire des réflexions qui semblent n'appartenir qu'à
la maturité. Un changement manifeste s'observe dans leurs habitudes, leurs dispositions et leurs goûts habituels ; moins de docilité, moins d'application au travail, etc.

L'onanisme chez les petits garçons a lieu,
comme on le pense bien, sans éjaculation
de matière séminale. Mais dès l'age même
le plus tendre, des glandes particulières
dites *prostate* et de *Cowper*, ainsi que la
muqueuse génitale sont susceptibles de devenir le siége d'un excès d'excitation qui les
rend aptes à sécréter une plus ou moins
grande quantité de matière muqueuse, dont
la perte abondante provoquée par leurs
manœuvres, n'est pas moins funeste à leur
santé que ne le serait celle de la liqueur séminale.

A l'époque de la puberté, qui sera presque toujours précoce, quoique quelquefois
en retard, l'onanisme, qui leur offrira encore plus d'attrait que dans les temps anté-

rieurs, produira chez eux une double perte, celle de la liqueur spermatique, et des fluides muqueux dont nous venons de parler, double perte qui ne pourra manquer d'avancer considérablement la ruine dont ils sont plus ou moins prochainement menacés.

Pareille perte de matière muqueuse a lieu chez les petites filles, et elles n'en ressentent pas des effets moins fâcheux que les petits garçons. Plus tard, la déperdition d'une grande quantité de fluides de différentes natures rendra ces effets encore plus redoutables. Chez ces malheureuses, la puberté est presque toujours prématurée, c'est-à-dire qu'elles offrent l'écoulement menstruel plus ou moins long-temps avant que la nature leur ait donné le degré de force nécessaire pour l'accomplissement parfait des fonctions et des devoirs de la maternité. D'une autre part, elles perdent très jeunes la faculté d'engendrer, si toutefois elles ont pu en jouir, et si elles n'ont point succombé à cette cruelle phthisie pulmonaire si commune à Paris, à Londres, et dans tous les lieux de la terre où règne le vice de la masturbation.

Chez la plupart des jeunes gens, la masturbation s'abandonne vers l'âge de dix-huit à vingt-ans, c'est-à-dire vers l'époque où ils quittent leur maison d'éducation et deviennent libres de se livrer à des plaisirs vraiment naturels auprès de personnes d'un sexe différent du leur. Cependant il en est un certain nombre qui, par l'habitude qu'ils se sont faite des jouissances solitaires, non seulement en conservent le goût, mais encore marquent toute leur vie la répugnance la plus invincible pour les personnes qui pourraient leur offrir des plaisirs d'une autre nature. Ainsi que nous l'avons vu précédemment, de tels sujets ne peuvent que traîner la vie la plus languissante, et mourir long-temps avant l'âge au milieu des symptômes cruels du plus affreux dépérissement.

D'après la connaissance des effets débili-
litans de l'onanisme sur l'âge même où la
nature est la plus capable d'y résister, l'on
jugera facilement combien cette habitude
serait pernicieuse aux vieillards, contre la
vie desquels vient déjà conspirer le décrois-
sement graduel des forces intrinsèques de
l'économie.

CHAPITRE IV.

MOYENS DE PRÉVENIR L'HABITUDE DE LA MASTURBATION.

Il n'a été que trop démontré par l'expérience que quand une fois les jeunes garçons et les jeunes filles ont contracté l'habitude de l'onanisme, il est infiniment rare
qu'ils puissent montrer assez de courage
pour y renoncer. Aussi, devons-nous plutôt

nous étendre ici sur les moyens de la prevenir que sur ceux de la guérir.

Ainsi que nous l'avons déjà dit plusieurs fois, il n'est aucune espèce d'animal qui nous donne l'exemple des désirs et des actes amoureux avant l'époque assignée par la nature pour la reproduction de l'espèce, de même qu'il n'en est aucun qui ne renonce à ces jouissances dès l'instant où les progrès de l'âge l'ont privé de la faculté d'engendrer; en sorte que nous ne trouvons une exception à cette règle générale que dans l'être qui se qualifie d'éminemment raisonnable. Il n'est pareillement aucun animal, excepté ce dernier, qui s'adonne au vice destructeur de la masturbation. Cependant, de quelque nature que se prétende l'homme, il est certain que ces sortes de monstruosités ne sont pas plus naturelles chez lui que dans les autres animaux, et que la masturbation, pour ne nous occuper ici que de ce sujet, ne peut absolument tenir qu'à des causes accidentelles.

Nous ne devons reconnaître d'autre cause du désordre qui nous occupe que toutes les circonstances capables d'accélérer le jeu des organes sexuels, c'est-à-dire de les exciter, de les irriter, de provoquer en eux des sensations qui ne devaient naturellemet exister qu'après l'époque de la puberté : car on sent que nous nous occupos toujours ici particulièrement du jeune âge.

Parmi ces différentes causes figure en première ligne la conduite des parens envers leurs enfans, et je ne balance nullement à avancer que sur cent victimes de l'onanisme, il en est au moins quatre-vingt-quinze qui ne peuvent en accuser que les propres auteurs de leur existence. Je m'explique.

Comme il n'y a qu'un développement insolite, ou, si l'on veut, qu'un excès d'excitation génitale nullement naturelle qui puisse porter les enfans aux fâcheuses manipulations de l'onanisme, nous devons regarder comme les y conduisant pour ainsi dire invinciblement tout acte, tout régime, etc., de la part des parens, capables d'opérer cet excès d'irritation.

Des différentes causes de l'onanisme tenant aux parens, il en est qui n'agissent sur les enfans que long-temps même avant leur naissance, d'autres pendant la grossesse, d'autres enfin pendant le cours de la vie extra-utérine. Parcourons-les toutes successivement.

Nous avons déjà vu que la nature, le mode d'être, les dispositions physiques et morales, les mœurs, etc., des enfans sont, généralement parlant, une conséquence naturelle de l'état particulier des individus dont ils ont reçu l'étincelle de la vie. Conséquemment, des époux dont l'esprit sera fortement pénétré de pensées libertines et capables de tenir l'appareil sexuel dans un état permanent d'excitation insolite ne pourront procréer que des enfans disposés à l'excitation génitale non naturelle, que nous regardons avec raison comme la seule cause de l'onanisme. Ainsi l'on voit que les causes de la masturbation remontent souvent bien haut dans l'éducation première de la progéniture, et que l'homme raisonnable doit s'en occuper même long-temps avant de travailler à sa formation. D'après ce, des époux vertueux et jaloux de procréer des enfans plus robustes que nerveux et irritables sentiront la nécessité de ne point procéder à cet important travail au milieu des pensées de la plus excessive lascivité et de toutes les autres circonstances aphrodisiaques, plus propres à pénètrer les principes du nouvel être d'une sensibilité anormale qu'à transmettre à celui-ci un fonds de force réelle et durable.

Par la même raison, l'intérêt de la progéniture impose à ces mêmes époux le devoir d'éviter soigneusement toutes les autres circonstances capables d'opérer les mêmes effets, c'est-à-dire de donner à l'économie et aux fluides reproducteurs un excès d'exaltation d'où ne pourraient résulser que des enfans éminemment nerveux, irritables et disposés à tous les genres d'excès qui proviennent naturellement de l'excessive développement de l'irritabilité organique et morale. Ainsi, point d'études qui donnent un trop libre cours à l'imagination, notamment celles qui n'ont pour objet que des plaisirs purement sexuels; une sage modération dans l'usage des épices et des spiritueux, etc., etc.

Déjà nous avons démontré toute l'influence de l'état particulier de la mère sur le produit de la conception. Nous savons que le fœtus ne formant en réalité qu'une portion de celle-ci, il ne peut qu'en ressentir toutes les impressions, toutes les secousses, etc. Conséquemment les préceptes que nous venons de donner aux époux qui s'occupent de la reproduction s'appliquent naturellement à toute femme enceinte. Ainsi que les femmes en cet état veillent attentivement sur toutes leurs sensations, qu'elles évitent autant que possible les pensées sus-

ceptibles d'exalter leur imagination ; qu'elles usent des modificateurs de l'économie
avec la plus grande réserve, notamment des
épices et des spiritueux.

Il y aurait un conseil bien plus important
encore peut-être à donner aux épouses :
celui de s'abstenir de tout commerce amoureux dès l'instant où elles ont acquis la conviction qu'un nouvel être se développe dans
leur sein. Mais un tel avis serait-il favora-
blement accueilli ? En supposant que la
femme fût capable de s'imposer une si gé-
néreuse privation, le mari consentirait-il à
suspendre pendant un temps considérable
l'usage de plaisirs dans lesquels il fait presque toujours consister la plus grande partie
de son bonheur? Cependant, combien l'action fréquente sur la femme d'une liqueur
aussi éminemment stimulante que celle de
la reproduction, ainsi que les pensées érotiques, les violentes secousses physiques et
morales qui en résultent, ne sont-elles point
de nature à pénétrer le fruit de la concep-

tion de cet excès de sensibilité nerveuse et génitale qui prédispose si puissamment à la funeste habitude de la masturbation? L'on trouvera donc fort raisonnable de recommander au moins aux époux de n'user des plaisirs sexuels qu'avec la plus sévère modération, dès l'instant où la grossesse se sera confirmée. Je sens bien que de telles privations seront presque toujours des plus cruelles. Mais l'intérêt de l'innocente famille qui se forme par notre œuvre ne doit-il point l'emporter sur des plaisirs vains et sans but pour la reproduction? Pourquoi l'homme, qui se glorifie tant de la supériorité de sa raison, se montrerait-il à cet égard moins raisonnable que les animaux, dont toutes les femelles savent toujours s'interdire l'usage des plaisirs amoureux dès l'instant où ils sont jugés nuls pour la reproduction?

Les dispositions physiques et morales de la nourrice se transmettant au nourrisson par la voie du lait avec presque autant de

facilité que de la mère au fœtus par la circulation du sang, nul doute que toute femme qui allaite ne doive s'imposer les mêmes privations que celles qui sont enceintes.
Ainsi, même sévérité de régime pour les
nourrices que pour ces dernières.

De la naissance à l'âge de raison, l'enfant
réclame, quant à celui qui nous occupe ici,
d'autres soins que ceux relatifs à l'allaite-
tement. Pendant toute cette période de la
vie et même long-temps encore après la puberté, les parens devront se garder de rien
lui présenter qui puisse exalter sa sensibilité physique et morale, comme vin pur,
café, thé, liqueurs, alimens de haut
goût, etc.

C'est surtout à l'époque où la raison
commence à se développer chez l'enfant
qu'il convient de s'occuper sévèrement de
son éducation. Pour le but qui nous occupe
ici, celui de le préserver de l'onanisme, les
soins qu'il réclame consistent particulièrement à garantir son esprit de toute pensée

capable de faire naître en lui des pensées relatives à des jouissances qui naturellement doivent encore lui être fort long-temps étrangères. Ainsi, on ne tiendra en sa présence que les discours les plus chastes; ses gestes et ses actes seront scrupuleusement observés; l'on ne permettra jamais qu'il fréquente dans l'intimité d'autres enfans de son âge; on se gardera bien de le faire coucher avec des personnes capables de lui inspirer des goûts dépravés; l'on s'efforcera surtout de lui inspirer de bonne heure des sentimens religieux qui puissent arrêter ses penchans désordonnés, dans les cas où, ce qui sera fort rare, toutes les sages précautions morales et hygiéniques n'auraient pu prévenir l'irritation prématurée des organes érectiles. Mais nous pensons que l'éducation morale et religieuse des enfans est assez connue des parens et des chefs de maisons d'éducation pour que nous puissions nous dispenser d'en tracer ici les règles. Nous n'avons d'autre but, dans cette faible portion de notre petit traité que de donner un léger aperçu des causes prédisposantes et accidentelles de l'onanisme, des effets fâcheux qu'il peut déterminer dans l'appareil sexuel et l'économie entière, et des moyens hygiéniques les plus généraux et les plus efficaces d'en préserver l'enfance.

Quant aux moyens de guérir *l'impuissance*, la *stérilité*, et les *différentes autres débilités génitales* produites par l'habitude de l'onanisme, ils sont généralement les mêmes que nous avons indiqués dans la précédente partie.

———

Voyez précédemment Liqueur et Tablettes toni-gastro-génitales, non moins efficaces contre l'épuisement de ces derniers excès, que contre les diverses autres espèces d'*impuissance*, de *débilités* ou *faiblesses génitales*.